シリーズ 情報科学における確率モデル 4

Series on Stochastic Models in Informatics and Data Science

マルコフ決定過程

——理論とアルゴリズム——

中出 康一【著】

コロナ社

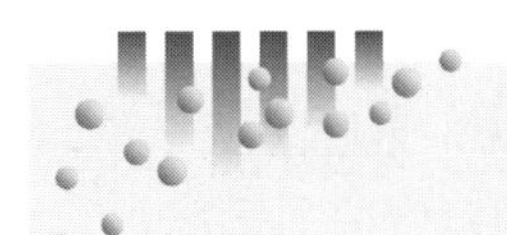

刊行のことば

われわれを取り巻く環境は，多くの場合，確定的というよりもむしろ不確実性にさらされており，自然科学，人文・社会科学，工学のあらゆる領域において不確実な現象を定量的に取り扱う必然性が生じる。「確率モデル」とは不確実な現象を数理的に記述する手段であり，古くから多くの領域において独自のモデルが考案されてきた経緯がある。情報化社会の成熟期である現在，幅広い裾野をもつ情報科学における多様な分野においてさえも，不確実性下での現象を数理的に記述し，データに基づいた定量的分析を行う必要性が増している。

一言で「確率モデル」といっても，その本質的な意味や粒度は各個別領域ごとに異なっている。統計物理学や数理生物学で現れる確率モデルでは，物理的な現象や実験的観測結果を数理的に記述する過程において不確実性を考慮し，さまざまな現象を説明するための描写をより精緻化することを目指している。一方，統計学やデータサイエンスの文脈で出現する確率モデルは，データ分析技術における数理的な仮定や確率分布関数そのものを表すことが多い。社会科学や工学の領域では，あらかじめモデルの抽象度を規定したうえで，人工物としてのシステムやそれによって派生する複雑な現象をモデルによって表現し，モデルの制御や評価を通じて現実に役立つ知見を導くことが目的となる。

昨今注目を集めている，ビッグデータ解析や人工知能開発の核となる機械学習の分野においても，確率モデルの重要性は十分に認識されていることは周知の通りである。一見して，機械学習技術は，深層学習，強化学習，サポートベクターマシンといったアルゴリズムの違いに基づいた縦串の分類と，自然言語処理，音声・画像認識，ロボット制御などの応用領域の違いによる横串の分類によって特徴づけられる。しかしながら，現実の問題を「モデリング」するためには経験とセンスが必要であるため，既存の手法やアルゴリズムをそのまま適用するだけでは不十分であることが多い。

本シリーズでは，情報科学分野で必要とされる確率・統計技法に焦点を当て，個別分野ごとに発展してきた確率モデルに関する理論的成果をオムニバス形式で俯瞰することを目指す。各分野固有の理論的な背景を深く理解しながらも，理論展開の主役はあくまでモデリングとアルゴリズムであり，確率論，統計学，最適化理論，学習理論がコア技術に相当する。このように「確率モデル」にスポットライトを当てながら，情報科学の広範な領域を深く概観するシリーズは多く見当たらず，データサイエンス，情報工学，オペレーションズ・リサーチなどの各領域に点在していた成果をモデリングの観点からあらためて整理した内容となっている。

本シリーズを構成する各書目は，おのおのの分野の第一線で活躍する研究者に執筆をお願いしており，初学者を対象とした教科書というよりも，各分野の体系を網羅的に著した専門書の色彩が強い。よって，基本的な数理的技法をマスターしたうえで，各分野における研究の最先端に上り詰めようとする意欲のある研究者や大学院生を読者として想定している。本シリーズの中に，読者の皆さんのアイデアやイマジネーションを掻き立てるような座右の書が含まれていたならば，編者にとっては存外の喜びである。

2018年11月

編集委員長　土肥　正

まえがき

マルコフ決定過程は，現在の状況を表す状態を観測しながら，ある利益（費用）規範の下で最適な決定を行う確率過程です。マルコフ決定過程はBellmanの動的計画法を基に構築されています。古くからオペレーションズリサーチの分野において理論的に発展し，また不確定な要素を含む動的な問題に対する最適な決定を求める方法としても確立しています。20世紀末以降，人工知能分野の一つである強化学習は，このマルコフ決定過程の理論を基礎として発展してきています。

私は学生のときから現在まで，マルコフ決定過程を最適政策を求める手段として利用してきました。マルコフ決定過程の理論については，海外，特にアメリカでは発展が目覚ましく，近年でも強化学習や近似アルゴリズム等，理論ならびに応用に関する研究が進展しています。このためアメリカを中心に海外では多くの論文が掲載され，また関連本も多く出版されています。しかし，国内では，ハワードのダイナミックプログラミングの訳本は古くにはあったものの，近年でもマルコフ決定過程自体を主要なテーマとした日本語の本はほとんど見当たりませんでした。広島大学の土肥先生からこの本の出版の話をいただいたとき，浅学非才な私が引き受けることに少し躊躇（ちゅうちょ）しましたが，それでも執筆することにした一番の理由は，理論に基づきながらも，しかし関心のある研究者・学生にも理解しやすい日本語で書かれたマルコフ決定過程の本が必要であると感じたからです。また，私自身，マルコフ決定過程を利用しながらも，その幅広い理論的背景について頭の中で整理できていないと感じており，この際本に書き留めることで理解を深めたいという気持ちもありました。

この本では，マルコフ決定過程に関する理論の中でも特に重要な基本理論，また実際に問題を定式化して解き，最適決定政策を求める際必要となる計算手法に焦点を設けています。理論の背景を理解していただくために，その基礎となる確率，マルコフ連鎖，確率過程に関しても章を設けました。さらに，部分観測可能マルコフ決定過程や，先に述べた強化学習，近似アルゴリズムについても触れています。自分自身強化学習について研究に用いてきたわけではありませんが，マルコフ決定過程と関連付けながら基礎的な内容をまとめました。

この本の内容は古典的なものが多く，あくまで基礎的理論を，読者に理解をいただけるようにつとめてきたつもりですが，十分でなければそれは著者の力量不足です。それでも，この本が読者にとって少しでもお役に立つことができれば望外の喜びです。

名古屋工業大学名誉教授の故 大野勝久先生には学生時代から名古屋工業大学の教員時代を通して，マルコフ決定過程の理論はもとより多くのことを学ばせていただきました。大野先生が亡くなられてもう5年半になりますが，ほんの少しでも恩返しができたでしょうか。

広島大学の土肥正先生，岡村寛之先生には執筆を勧めていただいたことに感謝いたします。最後に，コロナ社の皆様には出版に至るまで，たいへんお世話になりました。深謝いたします。

2019年2月

中出　康一

目　　　次

第1章　マルコフ決定過程の概要

第2章　マルコフ連鎖と再生過程

第3章 有限期間総期待利得マルコフ決定過程

第4章 総割引期待利得マルコフ決定過程

第5章 平均利得マルコフ決定過程

第6章　セミマルコフ決定過程

第 7 章 部分観測可能マルコフ決定過程

第 8 章 マルコフ決定過程の展開

1 マルコフ決定過程の概要

本章では，マルコフ決定過程の理論的基礎となる動的計画法の説明とともに，マルコフ決定過程の概要を述べ，この本の構成を示す。

1.1 OR と確率モデル

人間社会ではさまざまなシステムが存在する。商品を生産して販売する場合，原材料を輸入し，加工，生産して販売者まで届け，消費者が購入する。その際には輸送やお金のやりとりが必要となる。このような生産・物流・販売において，効率的な仕組みにしないとコストがかかる。コストに上乗せしてものの値段を高くすると売れなくなり，値段を低くすると利益が上がらない。また，在庫が積み上がると保管や処分に対する費用がかかり，一方で在庫を少なくすると需要を満たされず，顧客の満足度が下がってしまう。したがって，もの・かね・ひと・情報等を構成要素として，さまざまな条件を考慮しながら生産・物流・在庫に関する統合的な仕組み，すなわちシステムを構築する必要がある。

このような生産・物流・販売システム以外にも，通信，医療，大学等さまざまなシステムが存在する。これらのシステムを数理的にモデル化し，さまざまな解析や計算手法を通して効率的な運用を目指す戦術として，**オペレーションズ リサーチ**（operations research, OR）が知られている。

オペレーションズ リサーチで扱う手法は，大きく分けて決定性（deterministic）の問題と確率的（probabilistic, stochastic）問題に分けられる。

決定性の問題として代表的なものは，線形計画法（linear programming）を始めとする数理計画問題（mathematical programming problem）であり，古くから研究がなされている。数理計画問題は，対象となるシステムについて制御できるものを変数として与え，与えられた種々の制約の下で，費用を最小にする（あるいは利益を最大にする）問題である。例えば，ある製品を製造し，店舗で販売を行うとしよう。生産を行うために必要となる原料の量は限られており，1日に生産できる量には上限がある。物流には輸送量の上限がある。さらに，数日後の商品の需要が事前にわかっている場合には，前工程を含め過不足なく生産し販売することが必要である。このようなさまざまな条件を考慮して生産・輸送等の費用を考慮して適切に製品を生産し，物流を通して各店舗に運ばなければならない。最小化すべき費用は，例えば原料費，生産・在庫費，物流費の総和であり，目的関数と呼ばれる。

目的関数，制約条件をともに変数を用いて式で表現する。すべて1次式で表され，かつ変数のとり得る値が実数であるとき，**線形計画問題**（linear programming problem）と呼ぶ。また，一部の式が2次式等の非線形の式で表現されると，この問題は非線形計画問題となる。

これらの変数の一部，あるいはすべてが整数制約で表される場合（混合）**整数計画問題**（mixed integer programming problem）と呼ばれる。品物の個数や作業者への作業の割当てとに関する変数は整数の値しかとれないので，整数計画問題になる。

決定性の問題として代表的なものの一つにスケジューリング問題がある。最も基本的なものは，いくつかの対象物が与えられたとき，目的関数を最小化するように順序付けする問題である。その代表例が巡回セールスマン問題である。近年，決定性問題として AHP, DEA 等の意思決定問題も多く扱われている。

一方，つねに一定の値をとるとはいえない要素が含まれているとき，確率分布を用いて対象とするシステムをモデル化することが多い。**確率モデル**（stochastic model）として代表的なものには待ち行列理論，在庫理論と信頼性理論がある。

待ち行列理論は100年あまり前の電話回線網の分析から始まり，理論的発展がなされ，特に通信分野を中心とした応用が発展している。在庫理論は生産・

販売における部品・完成品の管理を対象としている。商品の日々の需要は確率的である一方，店舗からの発注には発注から到着までにかかる時間（発注リードタイム）が必要なため，日々の実需要や需要予測をみながら適切に発注する必要がある。信頼性理論は工程等の故障の分析と保全政策の決定等が該当する。例えば，機械で製品の加工を続けるとき，適切な時期に点検を行い，修理する，あるいは部品を交換するなどの作業をしないと工程の維持費用が高価になる。

これらのモデルにおいて，電話の呼の発生時期や製品の需要，機械部品の寿命は確定していないため，確率的な要素として考える必要がある。近年はファイナンスなど金融の分野にも OR が適用されている。株価や為替が確定的でないことは明らかであろう。

決定性の問題にも確率的な問題にも適用できる手法として，動的計画法がある。次節ではこの動的計画法を取り上げる。

1.2 動 的 計 画 法

動的計画法（dynamic programming）はベルマン[8)†]（R. Bellman）によって提案された，最適経路問題，在庫管理等多くの最適化問題に適用可能な手法である。これはつぎの二つの原理に基づいている。

・**不変埋込みの原理**（principle of invariant imbedding）

解くべき原問題に対し，その原問題を含むような部分問題群を考える（すなわち，原問題を部分問題群に埋め込む）。その部分問題群に属する問題間の関係により，各問題を順に解いていく。部分問題群の問題をすべて解くことにより，原問題を解いたことになる。

この問題間の関係を生み出す基本原理がつぎの最適性の原理である。

・**最適性の原理**（principle of optimality）

逐次的に定める決定から成る政策のうち最適となる政策はつぎの性質を持つ。

「最初の状態と決定が何であれ，残りの決定列は最初の決定により生じた状態

† 肩付き数字は，巻末の引用・参考文献番号を表す。

に関して最適政策を構成する。」

この二つの原理が成り立つ問題は動的計画法を適用することができ，逐次的に問題を解くことができる。例として，つぎの最短経路問題を考えよう。

例 1.1（**最短経路問題**）　n 個の地点（$N = \{1, 2, \cdots, n\}$）があり，地点 $i \in N$ から地点 $j \in N$ へ直接移動するための所要時間は t_{ij} であるとする。ここで $t_{ij} > 0$ である。ただし，直接移動する路（みち）がない場合は $t_{ij} = \infty$ とする。このとき，地点 1 から各地点に最短時間で到達する経路を求めよ。

各地点を節点（node）として，地点 i から地点 j への直接移動する路がある場合，有向枝（arc, directed edge）を節点 i から j に引く。これを枝 (i, j) とする。これにより地点と路をグラフ (N, A) で表現することができる。ここで N は節点の集合，A は枝の集合である。例を**図 1.1** に示す。

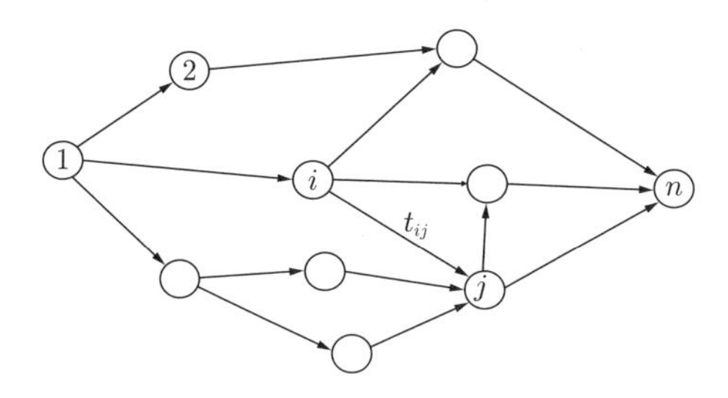

図 1.1　最短経路問題

地点 1 から地点 j への最短時間を f_j とする。また高々 k ステップで j に到達する経路のうち最短時間となる路の所要時間を f_j^k とする。そのような路が存在しなければ $f_j^k = \infty$ である。このとき，解くべき原問題は各 $j = 2, 3, \cdots, n$ について $f = \{f_j^\infty\}$ を求める問題である。また，高々 k ステップで各地点に到達する最短時間を求める部分問題を $f^k = \{f_j^k; j = 2, 3, \cdots, n\}$ $(k = 1, 2, \cdots)$ とする。

すべての枝 $(i, j) \in A$ について $t_{ij} > 0$ であるとき，じつは高々 $k = n - 1$ まで求めれば十分である。なぜなら，$k \geqq n$ のとき，k ステップで地点 1 から到達する経路について，少なくとも 2 回同じ点を通ることになる（最初の地点 1 を含

め $k+1(\geq n+1)$ 個の節点が経路上に存在し，節点は n 個しか存在しないためである)。一方，$t_{ij}>0$ であることから，その同じ 2 点間を通る部分経路を取り去った経路は，元の k ステップの経路より真に短い時間で j に到達する。したがって，n ステップ以上の経路を考えることは必要ない。すなわち，部分問題群 $\{f^k; k=1,2,\cdots,n-1\}$ を求めることにより，原問題 f を求めることができる。

この部分問題群について調べる。f_j^1 はただちにつぎの式で求められる。

$$f_j^1 = t_{1j}, \quad j=2,3,\cdots,n$$

問題群 f^{k-1} と f^k の間にはつぎの関係がある。f_j^k を達成する高々 k ステップの点 j への最適経路について，その最後の枝が (i,j) であるとする。この最適路の 1 から i までの経路は，高々 $k-1$ ステップの 1 から i への路の中で最短時間で到達できる路になっている（もしそれより短い時間で行く経路が存在すると，その路と枝 (i,j) から成る路の方が，先に示した高々 k ステップの路のうちの最適経路より短くなり矛盾する)。このことから，高々 $k-1$ ステップの各地点 i への最短経路 f_i^{k-1} と，直接の路 t_{ij} の和を求めていき，その中で最小となる値を達成する路の所要時間が f_j^k となることがわかる。

この議論より，つぎの漸化式を導くことができる。min は最小値を表す。

$$f_j^k = \min_{i=2,3,\cdots,n} \{f_i^{k-1} + t_{ij}\},\ j=2,3,\cdots,n,\ k=2,3,\cdots,n-1 \quad (1.1)$$

式 (1.1) を用いて $k=2,3,\cdots$ の順に f_j^k を求めたとき，f_j^{n-1} が 1 から j への最短経路の長さとなる。なお，より効率的に最適経路を求める方法としてダイクストラ法が知られている（例えば柳浦，茨木[5] を見よ)。

動的計画法による定式化に関する他の例として，つぎの有限時間最適制御問題を考える。

例 1.2（有限時間最適制御問題）　時刻 $0,1,2,\cdots,T$ の有限期間から成り，時刻 T を除く各時点 $t\in\{0,1,\cdots,T-1\}$ において，状態 x_t を観測し，決定 $y_t\in A_t(x_t)$ を行う。ここで，$A_t(x_t)$ は時刻 t において状態 x_t のとき

にとり得る決定の集合である。このとき，時刻 t において，利益 $r_t(x_t, y_t)$ を生み出し，時刻 $t+1$ に状態は $x_{t+1} = f_t(x_t, y_t)$ となる（**図 1.2** 参照）。最終時刻 T においては，状態 x_T のときに利益 $K(x_T)$ を生み出すとする。初期状態が x_0 のとき，各時刻においてどのような決定を生み出せば全体の総利益を最大にするかを考える。

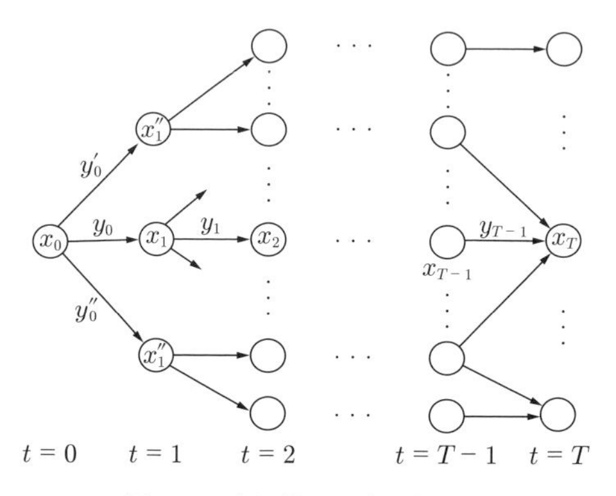

図 1.2　有限期間最適制御問題

時刻 t において状態が x_t であるとき，時刻 t から $T-1$ まで逐次決定をしたときの最大利益を $V_t(x_t)$ とする。$V_t(x_t)$ を求める問題を部分問題として，その集まりである部分問題群を $\{V_t(x_t);\ x_t \in X_t\}$ $(t = 0, 1, \cdots, T)$ と表現する。ここで X_t は，初期状態が x_0 のとき，ある決定列により時刻 t において到達可能となる状態の集合とする。

この問題について動的計画法の最適性の原理が適用できる。時刻 t において状態が x_t であるとき，とり得る決定 $y_t \in X_t(x_t)$ ごとにつぎの値を求める。すなわち時刻 t において受け取る利益 $r_t(x_t, y_t)$ と，時刻 $t+1$ に状態 $x_{t+1} = f_t(x_t, y_t)$ であるときの $t+1$ から T までに受け取る最大利益 $V_{t+1}(x_{t+1})$ の和を求める。この和を比較し，その中で最大となる決定 y_t がとるべき最適決定となる。

すなわち，問題群 $\{V_t(x_t), x_t \in X_t\}$ と問題群 $\{V_{t+1}(x_{t+1}), x_{t+1} \in X_{t+1}\}$ の間にはつぎの関係式が成り立つ。max は最大値を表す。

$$V_t(x_t) = \max_{y_t \in A_t(x_t)} \{r_t(x_t, y_t) + V_{t+1}(f_t(x_t, y_t))\}$$
$$x_t \in X_t,\ t = 0, 1, \cdots, T-1 \tag{1.2}$$

ただし，$V_T(x_T) = K(x_T)$ $(x_T \in X_T)$ である。したがって，時刻 T から時間を遡って $V_T(x_T), V_{T-1}(x_{T-1}), \cdots$ と求めていき，$V_0(x_0)$ が求められれば，この値が最大利益となる。

$t = 0$ において x_0 のときに式 (1.2) の右辺を最大にする y_0 を y_0^* と表記する。以降，$x_1^* = f_0(x_0, y_0^*)$ として，$t = 1$ において状態 x_1^* のときに式 (1.2) の右辺を最大にする y_1 を y_1^* とし，$\cdots$ と順に求めたとき，y_t^* $(t = 0, 1, 2, \cdots, T-1)$ が時刻 t における最適決定となる。

なお, 式 (1.2) を用いて時刻を遡るためには, 状態集合 X_t $(t = 1, 2, \cdots, T)$ をあらかじめ把握していなければならない。したがって，x_0 に対し，$X_1 = \{x_1 = f(x_0, y_0); y_0 \in A_0(x_0)\}$ とし，集合

$$X_{t+1} = \{x_{t+1} = f(x_t, y_t); y_t \in A_t(x_t), x_t \in X_t\},\ t = 1, 2, \cdots, T-1$$

を順に求める必要がある。状態の範囲があらかじめ把握されていない場合は，まずこの状態集合に関する時刻に沿った漸化式により X_t を求め，その後式 (1.2) により遡る必要がある。

これまで述べた問題は，すなわち構成する要素が定数に固定され，推移が確定的であることを前提としている。一方，動的計画法が適用される問題のうち，在庫管理，待ち行列システム等に見られるような確率的な要素を含む最適化問題については，この本で述べるマルコフ決定過程により定式化される。

1.3 マルコフ決定過程

何らかの目的関数を最小化（または最大化）することを目的として意思決定者が状態を観測しながら各時刻までの状況を基に決定を行う問題について，数理モデルとして定式化する際に**マルコフ決定過程**（Markov decision process,

MDP）が用いられる。この本では特に言及しない限り，離散時刻 $0, 1, 2, \cdots$ の各時刻 t で**状態**（state）s_t を観測し，それまでの経過を基に**決定**（action，**行動**と呼ぶこともある）a_t を行う。なお，決定により時間間隔が変化するセミマルコフ決定過程は 6 章で述べる。

マルコフ決定過程はつぎの要素から構成されている。

・**状態空間**（state space）S：対象としているシステムの状態の集合である。

・**決定空間**（action space）$A(s)$：状態 $s \in S$ を観測したとき可能な決定の集合である。

・単位時間当り**期待利得**（expected reward）$r(s, a)$：状態 $s \in S$ を観測して決定 $a \in A(s)$ をとったとき，つぎの時刻までに受け取る利得の期待値である。

・**推移確率**（transition probability）$p(s'|s, a)$：状態 $s \in S$ を観測して決定 $a \in A(s)$ をとったとき，つぎの時刻に観測する状態が $s' \in S$ となる確率である。すなわち，つぎの式が成立する。

$$p(s'|s, a) \geqq 0, \quad \sum_{s' \in S} p(s'|s, a) = 1$$

状態空間については，以下の種類に分類できる。

・**有限状態空間**（finite state space）：有限個の状態から成る。$N(< \infty)$ 個の状態のとき，$0, 1, 2, \cdots$ と状態に番号付けを行うことにより，状態空間 $\{0, 1, 2, \cdots, N-1\}$ と置くことができる。

・**可算無限状態空間**（countable state space）：各状態は番号付けができるが，無限の個数から成る場合を含む。番号付けにより，等価な状態空間 $\{0, 1, 2, \cdots\}$ を形成する。非負整数の集合，有理数の集合等が該当する。この本では，可算無限状態空間を仮定した場合，有限状態空間を特別な場合として含むことにする。

・**非可算無限状態空間**（uncountable state space）：各状態を番号付けすることはできない。例えば状態が実数で表現できる場合である。

また，決定空間についても同様の区分ができる。

この本では，可算無限状態空間，あるいは有限状態空間のいずれかを仮定している。ただし，7 章の部分観測可能マルコフ決定過程では状態が確率で表現されるため非可算無限状態空間となる。

なお，計算アルゴリズムについては有限状態空間を仮定する。

決定空間については，この本を通して有限とする。

状態が多次元であっても，離散状態であれば辞書式順序を用いることで番号付けが容易にできることが多い（次節を参照）。

問題の目的は，つぎのいずれかの利益を最大にするように，現在の状態を含む過去の状態と決定に関する履歴を基にして決定を行う政策を求めることである。ここで，**政策**（policy）とは，与えられた履歴に対し各決定を行う確率を定めることを示しており，したがって政策は履歴から決定に関する確率空間への写像となる。履歴に対して一つの決定を定めるときは，決定性政策と呼び，このときは履歴から決定空間への写像となる。また，$E^{\pi}[\cdot]$ は，政策 π が与えられたとき得られる期待値である。

・**有限期間総期待利得**（expected total reward over a finite horizon）

$$E^{\pi}\left[\sum_{t=0}^{T-1} r(s_t, a_t) + K(s_T)\right]$$

時刻 0 から T までに受け取る利益である。また，時刻 T において決定はとらず，状態 s_T に対する利得 $K(s_T)$ を受け取り確率過程は停止する。

・**無限期間総割引期待利得**（expected discounted total reward over an infinite horizon）

$$E^{\pi}\left[\sum_{t=0}^{\infty} \gamma^t r(s_t, a_t)\right]$$

ここで γ は $0 < \gamma < 1$ を満たす実数であり，**割引率**と呼ぶ。

・（無限期間）**平均利得**（long-run time average reward）

$$\lim_{T\to\infty} \frac{1}{T} E^{\pi}\left[\sum_{t=0}^{T-1} r(s_t, a_t)\right]$$

定式化の詳細や最適政策の理論的性質，最適政策を求めるアルゴリズムについては，共通する点も多いが規範間で異なる点が存在する。これらについては 3 章から 5 章で詳しく述べる。

マルコフ決定過程は費用最小化を扱うことも多い。例えば，状態 $s \in S$ で決定 $a \in A(s)$ をとったとき必要な費用を $c(s,a)$ として，費用最小化を目的とする場合である。しかし，$r(s,a) = -c(s,a)$ と置けば，利益最大化問題として扱うことができる。この本を通して利益最大化問題を扱う。

マルコフ決定過程において，政策が定められたとき，状態の列 $s_0, s_1, \cdots$ が生じる。一般に，このような確率変数の列を**確率過程**（stochastic process）と呼ぶ。マルコフ決定過程において，ある政策が定められたとき生じる確率過程は**マルコフ連鎖**（Markov chain）と呼ばれるものになる。マルコフ連鎖についてはマルコフ決定過程の基礎となるものであるため，2 章で詳しく述べる。

1.4 定式化の例

以下の例を通して，マルコフ決定過程の定式化を見ていこう。以下定義される変数は確率分布を除きすべて非負整数値をとるとする。

例 1.3（**自動車買替え問題**）　この例題は Howard[17] で扱われている有名な問題である。1 期（例えば 1 年）ごとに，自動車を点検し，自動車を買い替えるか，そのまま使用を続けるかを決定する。システムの状態 s を 1 期を単位とした車を購入してからの期間（車齢）とする。ここで N は最大の車齢であり，この車齢に達したときは必ず車を購入しなければならない。また，故障し廃車状態のときも新たに車を購入する必要がある。この状態も車齢 N と同じと考える。すなわち，状態 N のとき必ず他の車に買い替えなければならない。状態 0 は新車を表すが，この状態は後で示すように実際には初期に新車であるという場合にしか当てはまらないため，実質は一時的な状態である。状態空間を $S = \{0, 1, 2, \cdots, N\}$ とする。

状態 $s \in S$ でとる決定はつぎのとおりである。決定 $a = 1$ は，現在の車両をあと 1 期使うことである。決定 $a (a = 2, 3, \cdots, N, N+1)$ は，車齢 $a - 2$ の車に買い替えることである。$a = 2$ は新車に買い替えることを表す。状態は $N+1$ 個あり，各状態 s について決定 1 から $N+1$ まで $N+1$ 個存在する。ただし，状態 0 については新車の状態のため取り替えることはなく決定は $a=1$ のみである。状態 N については，何らかの車両に取り替えるため，とり得る決定は 2 から $N+1$ までの N 個である。したがって，決定の組合せは $(N+1)^{N-1}\times N$ 個存在する。状態 s のとき，$a=1$ と $a=s+2$ は同じ車齢の車を 1 期用いることになるが，前者の決定は現在所有の車両を用いるのに対し，後者の決定は同じ車齢の別の車両を購入して 1 期用いることに注意する。

車齢 s の車（$s=0,1,\cdots,N-1$）を 1 期用いたとき，特に問題なく使用し，つぎの期の状態が $s+1$ となる確率を p_s とする。確率 $1-p_s$ で車はそれ以降使用できない（廃車の）状態 N となる。**図 1.3** に，状態 s の車両を使用したときのつぎの期の推移確率を表す。○の中の数字は車齢を表す。矢線は推移を表し，矢線にある記号は推移確率を表す。

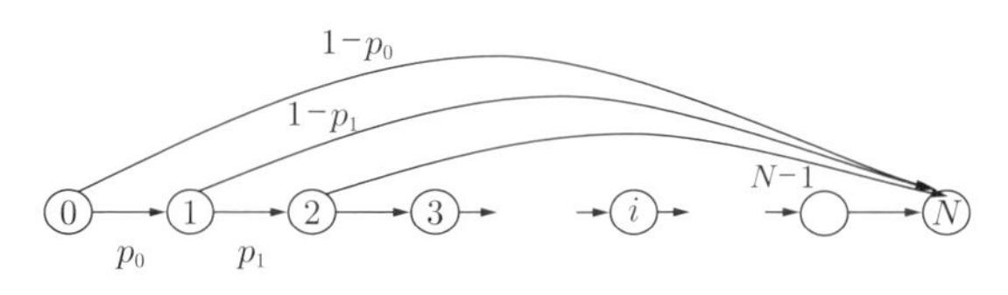

図 1.3　自動車買替え問題

以下の費用・利益が存在する。

b_s：車齢 s の車両の購入費用

u_s：車齢 s の車両の売却利益

m_s：車齢 s の車両を 1 期用いるときに必要な維持費用

車齢 $s\in\{1,2,\cdots,N-1\}$ の車について決定 $a\in\{1,2,\cdots,N+1\}$ をとるとする。$a=1$ のとき，決定直後の車齢は s であり，1 期後の車齢は確率 p_s で $s+1$ に，確率 $1-p_s$ で故障を表す状態 N となる。$a\geqq 2$ のとき，決定直後の購入した車両の車齢は $a-2$ であり，それから 1 期経過したときの車齢は確率 p_{a-2} で $a-1$ に，確率 $1-p_{a-2}$ で N となる。

この問題は，以下の状態空間，決定空間，期待利得，推移確率から成るマルコフ決定過程として定式化できる。

状態空間：$S = \{0, 1, 2, \cdots, N\}$

決定空間：$A(s) = \{1, 2, \cdots, N+1\} \quad (s = 1, 2, \cdots, N-1)$

$A(0) = \{1\}$, $A(N) = \{2, 3, \cdots, N+1\}$

推移確率：

$$p(s'|s,a) = \begin{cases} p_s & s' = s+1, a = 1, s \in \{0, 1, 2, \cdots, N-1\} \\ 1 - p_s & s' = N, a = 1, s \in \{0, 1, 2, \cdots, N-1\} \\ p_{a-2} & s' = a-1, a = 2, 3, \cdots, N+1, s \in \{1, 2, \cdots, N\} \\ 1 - p_{a-2} & s' = N, a = 2, 3, \cdots, N+1, s \in \{1, 2, \cdots, N\} \end{cases}$$

期待利得：

$$r(s,a) = \begin{cases} -m_s & a = 1, s \in \{0, 1, 2, \cdots, N-1\} \\ u_s - b_{a-2} - m_{a-2} & a = 2, 3, \cdots, N+1, s \in \{1, 2, \cdots, N\} \end{cases}$$

図 1.4 は状態 s における決定 $a = 1$ と決定 $a = j (j = 2, 3, \cdots, N-1)$ に関する推移確率とそのときに受け取る利得を表す。矢線上の括弧 (　) 内の数字は推移確率を，中括弧 [　] 内の数字は矢線元の状態で対応する決定をとるときに受け取る利得を表す。

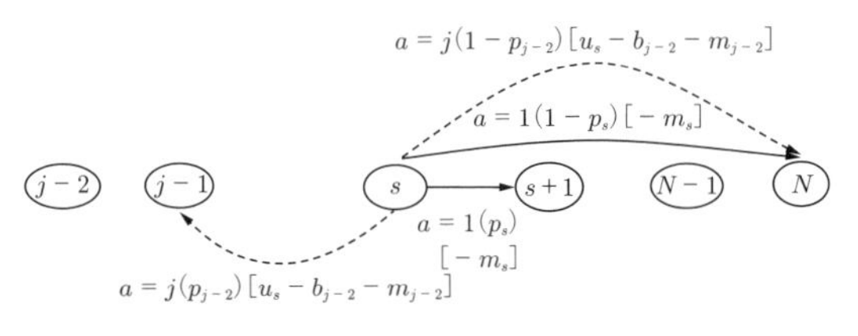

図 1.4　自動車買替え問題の状態遷移図

例 1.4（**生産・発注指示問題**）　一つの生産工程を考える。工程には加工前の部品在庫と加工後の完成品在庫が存在し，それぞれの在庫品数を s_1, s_2 とする。それぞれの在庫置き場ではスペースの制限のため多くても N_1

個，N_2 個しか置けないものとする（**図 1.5** 参照）。需要は確率的で，各期の需要は互いに独立で，確率分布 $p_d(d = 0, 1, \cdots, M)$ に従うとする（M は 1 期の最大需要数を表す）。ここでは，需要は期首（ただし同じ期の生産数の決定後）に発生し，需要量が期首の完成品在庫量 s_2 より多いとき，残りの需要は失われるとする。

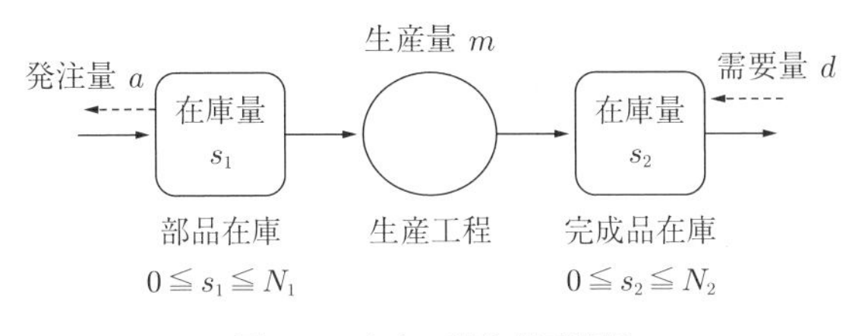

図 1.5　生産・発注指示問題

各期の期首において状態を観測して，生産する数，ならびに前工程に発注する部品の量を決定する。発注した部品は同じ期の期末（生産の終了後）に到着する。

利益・費用として，需要 1 個に関する売上げ額を r，期首における部品，完成品それぞれの 1 個当り，1 期当り在庫費用を h_1, h_2, 失われた需要一つに対する損失費用を b, 1 個の部品を発注するのにかかる費用を c とする。また，以下では $M \geqq N_2$ とする。在庫費用は保管費用，劣化による損失や売価低下，ならびに部品購入の支払いから販売して利益を得るまでその分のキャッシュを持たないことによる利得損失を表している。損失費用は需要を満たさなかったことによる顧客の信頼度低下等による損失を表している。発注費用は送料を含む部品購入単価を表す。

各期において期首における各在庫量が観測されたとき，生産量と発注量が決定されると，つぎの期の期首の量は，これら四つの量にのみ依存し，過去の在庫量や生産量発注量には依存しないことがわかる。期首の状態は (s_1, s_2) として表現される。ここで，$0 \leqq s_1 \leqq N_1$, $0 \leqq s_2 \leqq N_2$ である。したがって，状態区間は $S = \{(s_1, s_2); 0 \leqq s_1 \leqq N_1, 0 \leqq s_2 \leqq N_2\}$ である。

決定は，生産量 m と発注量 a から成る。生産量について，現在の部品の量と，加工後の在庫における空きの量のうち小さい方の値の個数しか生産できない。この期の需要量は決定時には未知のため，需要が 0 の場合に完成品在庫が N_2 より多くならないように生産しなければならず，その一方で現在，在庫となっている部品の個数までしか生産できないからである。また，発注量については，s_1 と m が与えられたとき，期末には加工前の在庫量が $s_1 - m$ となるので，N_1 から $s_1 - m$ を引いた値の個数まで発注できる。

したがって，状態が $(s_1, s_2) \in S$ であるときの決定空間はつぎの式で表現できる。

$$A((s_1, s_2)) = \{(m, a) | 0 \leqq m \leqq \min(s_1, N_2 - s_2), 0 \leqq a \leqq N_1 - s_1 + m\}$$

ここで，$\min(a, b)$ は a と b の小さい方の値を表す。

状態 (s_1, s_2) で決定 (m, a) をとった後，需要が発生する。この期の需要量を d とすると，つぎの期首の在庫量 (s'_1, s'_2) はつぎのとおりとなる。

仕掛品量は現在の期首在庫量から生産される量だけ引かれ，発注した分だけ届くので $s'_1 = s_1 - m + a$ となる。また，完成品量は現在の期首在庫量から需要分だけ期首に引かれ，その後期末に生産した分だけ増加する。ただし，需要量 d が現期首の完成品の量 s_2 より多い，すなわち $d > s_2$ の場合は，s_2 だけ需要が満たされ，残りの $d - s_2$ 個の需要は満たされない。したがって，$s'_2 = \max(s_2 - d, 0) + m$ となる（$\max(a, b)$ は a と b の大きい方の値を表す）。また，このときの失われる需要量は $\max(d - s_2, 0)$ となる。

以上より，需要量が d のとき，つぎの期首の在庫量は

$$0 \leqq d \leqq s_2 - 1 \text{ のとき } (s'_1, s'_2) = (s_1 - m + a, s_2 - d + m)$$

$$s_2 \leqq d \leqq M \text{ のとき } (s'_1, s'_2) = (s_1 - m + a, m)$$

となる。したがって，推移確率はつぎの式で与えられる。

$$p((s_1', s_2')|(s_1, s_2), (m, a)) = \begin{cases} p_d & s_1' = s_1 - m + a,\ s_2' = s_2 - d + m,\ 0 \leqq d \leqq s_2 - 1 \\ \displaystyle\sum_{d=s_2}^{M} p_d & s_1' = s_1 - m + a,\ s_2' = m \end{cases}$$

在庫費用は期首にかけられるので $h_1 s_1 + h_2 s_2$，受け取る利益は $r\min(s_2, d)$，失われた需要に対する費用は $b\max(d - s_2, 0)$，発注費用は ca となる。したがって，1 期分の利益は，以下のようになる。

$$r((s_1, s_2), (m, a)) = -(h_1 s_1 + h_2 s_2) - ca + r\sum_{d=0}^{s_2-1} p_d d + r\sum_{d=s_2}^{M} p_d s_2 - b\sum_{d=s_2}^{M} p_d (d - s_2)$$

問題は有限期間総期待利得，無限期間総割引期待利得，無限期間平均利得を最大にするように，各期首において履歴と観測された状態を基に生産量と発注量を求めることである。

以下，状態表現とアルゴリズムについて議論を加える。

通常，マルコフ決定過程として定式化する場合は，状態や決定の表現は例 1.4 に示したように 2 次元にするなど，定式化がわかりやすいようにする。しかし，最適政策をプログラム等で求める場合，特に 4, 5 章で述べる政策反復法のように連立 1 次方程式を解く必要があるときは，プログラムを作成する際に各状態に対して番号付けをする必要がある。

例 1.4 では状態空間は $S = \{(s_1, s_2); 0 \leqq s_1 \leqq N_1,\ 0 \leqq s_2 \leqq N_2\}$ と表現されている。このとき，各状態についてつぎのとおり番号付けをする。状態 $(0, 0)$ を番号 0, 状態 $(0, 1)$ を番号 1, $\cdots$, 状態 $(0, N_2)$ を番号 N_2, 状態 $(1, 0)$ を番号 $N_2 + 1$, $(1, 1)$ を番号 $N_2 + 2$, $\cdots$, $(1, N_2)$ を番号 $N_2 + (N_2 + 1) = 2N_2 + 1$, $\cdots$, 状態 (N_1, N_2) を番号 $N_2 + (N_2 + 1)N_1 = (N_1 + 1)(N_2 + 1) - 1$ とする。

この例では，状態 (s_1, s_2) と状態番号 n が $n = s_1 \cdot (N_2 + 1) + s_2$ の式で対応付けられている。このように番号付けることにより $(N_1 + 1)(N_2 + 1)$ 個の等価な状態空間 $S' = \{0, 1, 2, \cdots, (N_1 + 1)(N_2 + 1) - 1\}$ を形成することができる。

1.5 マルコフ決定過程の拡張と発展

前節は離散時間（$t = 0, 1, 2, \cdots$）上で確率過程を定義し，各時刻において決定をとるとしていた。一方で，決定する間隔が一定でないことも多い。例えば，待ち行列において客の到着を制御する場合は，ある時間経過して新しい客が到着したとき，その到着を受け入れるかどうかを決定する，また機械の修理・取替えを行う問題の中には，実時間上で突然不具合が発生したときに修理を行うか取り替えるかを決定する場合がある。このような問題は**セミマルコフ決定過程**（semi-Markov decision process）として定義できる。特に，推移の間隔が指数分布に従う場合，すなわち決定政策を固定したとき状態の確率過程が連続時間マルコフ連鎖となる場合については，離散時間マルコフ決定過程に変換可能である。これらについては 6 章で述べる。

状態が完全には観測できず，ある情報のみ得られることも多い。この場合，情報を基に何らかの形で状態を推定していき，決定を行う必要がある。その理論的な発展として**部分観測可能マルコフ決定過程**（paritally observable Markov decision process, POMDP）がある。このことについては 7 章で述べる。

マルコフ決定過程の定式化が行えたとしても，最適政策を求める際に困難を生じる場合がある。前節の例 1.4 において，工程が n 段階から成り，各工程の前後で加工前ならびに加工後の在庫が存在するとしよう。各工程での発注は前工程の加工後，部品在庫から受け取る部品の量である。期首において輸送中のものが存在しないとしても，仮に最大在庫量が各工程で N までとするときに状態数は $(N + 1)^{2n}$ 個となる。$N = 99$ として，工程が 4 あると 100 の 8 乗，すなわち 1 億個の状態数となる。さらに注文してから部品が到着するまでの輸送中である部品量を状態に加えていくと，状態数は指数的に増えていく。

実際の問題をマルコフ決定過程に定式化するとこのようなことがよく起き，**次元の呪い**（curse of dimensionality）と呼ばれる。このときには次章以降で述べる計算方法により最適政策を現実的な時間で求めることは困難になる。したがって，いくつかの近似最適化アルゴリズムがこれまで提案されている（例えば大野ら[3),20)]による SBMPIM 等）。しかし，問題の種類と近似アルゴリズムの間には効率の良さに関する相性が見られ，またアルゴリズムで用いるパラメータの設定が計算効率と関係することが多く，どのような問題にも優れた近似最適化アルゴリズムが提案されているとはいえない。8.1 節で近似最適化アルゴリズムについて触れる。

また，実際の問題では推移確率や期待利得そのものが明確になっていないことも多い。この場合，状態や決定について，シミュレーションや実験等を繰り返しながらその価値を推定していき，同時に最適に近い決定を導くということが行われている。その一つがマルコフ決定過程を基礎として 1990 年代以降発展している強化学習（reinforcement learning）であり，人工知能分野を中心にこの研究が盛んになっている（一部の研究者は強化学習をニューロ動的計画法（neuro-dynamic programming）と呼ぶこともある）。代表的なものが TD（temporal difference）アルゴリズム，Sarsa アルゴリズム，Q 学習アルゴリズムである。8.2 節では強化学習に関する基本的な事項を解説する。これらを含むマルコフ決定過程における近似アルゴリズムに関する研究は Powell[22)] や Bertsekas ら[9),10)] などでまとめられている。8.3 節では Powell が示した決定直後の状態に注目した近似アルゴリズムを示す。

一方，マルコフ決定過程の理論的発展の一つに，最適政策が持つ理論的性質の導出がある。例えば，マルコフ決定過程の最適値関数が持つ性質を理論的に導出し，その性質を用いて最適政策が持つしきい値型政策等の構造的性質を示すことが挙げられる。その例を 8.4 節で示す。

なお，定理・補題の一部については証明を掲載しているが，コンパクトに納めるため証明を省略している箇所がある。詳しくは定理等の直前に記されている引用・参考文献等を参照してほしい。

2 マルコフ連鎖と再生過程

本章では，この本の内容の理解に必要となる確率や確率過程の基礎について説明する。確率変数の基礎について説明した後，確率過程の中でもマルコフ決定過程の基礎となるマルコフ連鎖や再生過程についても説明する。確率や確率過程に関するより詳細な説明は他の文献を参考にしてほしい（伏見[1]，尾崎[4]等）。

2.1 離散型確率変数

本節では非負の整数値をとる離散型確率変数について述べる。

2.1.1 確率，期待値，分散

X を非負整数値をとる離散型**確率変数**（discrete random variable）とし，非負整数の集合を $\mathcal{Z}^+ = \{0, 1, 2, \cdots\}$ とする。

$p_i = P(X = i)$ を $X = i$ となる確率とするとき，つぎの式を満たす。

$$\sum_{i=0}^{\infty} p_i = 1, \quad p_i \geqq 0$$

X の**期待値**（expectation, mean）を式 (2.1) で表現する。

$$E[X] = \sum_{i=0}^{\infty} ip_i \tag{2.1}$$

X が非負整数値の値をとるとき，式 (2.2) で置き換えることができる。

$$E[X] = (p_1 + p_2 + \cdots) + (p_2 + p_3 + \cdots) + \cdots$$
$$= \sum_{i=0}^{\infty} P(X > i) = \sum_{i=1}^{\infty} P(X \geqq i) \quad (2.2)$$

図 2.1 に X が x 以下である確率 $P(X \leqq x)$ のグラフを示す。縦軸（y 軸）とこのグラフ，そして $y=1$ の直線に囲まれた部分が期待値となることがわかる。

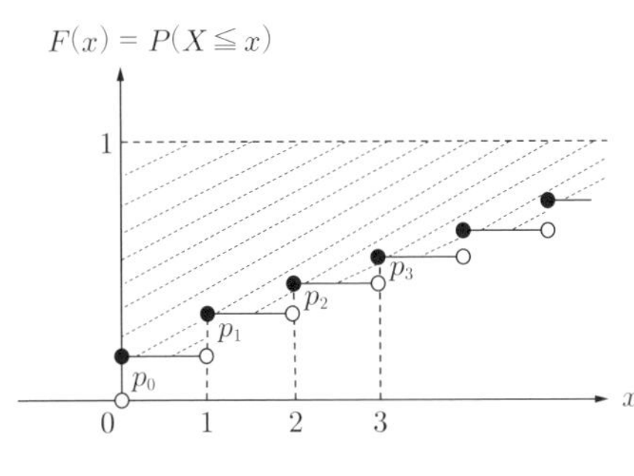

図 2.1　期待値（離散型確率変数）

f を $\mathcal{Z}^+$ から実数空間 $\mathcal{R}$ への関数とするとき，$f(X)$ の期待値をつぎの式で与える。

$$E[f(X)] = \sum_{i=0}^{\infty} f(i) p_i$$

期待値が有限の値 $m = E[X]$ をとるとき，X の**分散**（variance）はつぎの式で定義される。

$$\sigma^2 = Var[X] = E[(X-m)^2] = E[X^2] - E[X]^2$$

一般に確率変数の和の期待値はそれぞれの期待値の和となる。すなわち

$$E[X_1 + X_2 + \cdots + X_n] = \sum_{i=1}^{n} E[X_i]$$

が成り立つ。分散については一般にはこのような式は成り立たない（後述する独立性等が必要となる）。

なお，極限確率等を求める際，結果として確率の和が 1 より小さくなるときがある。この場合に確率は**不完全**（incomplete）であると呼ぶ。この場合，期待値等は定義されない。

2.1.2 条件付き確率

離散型確率変数 X と Y について，$X=i$ であり，かつ $Y=j$ である確率を $P(X=i, Y=j)$ $(i, j \in \mathcal{Z}^+)$ と表現する。この分布を X と Y の**同時分布**また

は**結合分布**（joint distribution）と呼ぶ。これに対し，X のみの分布 $P(X=i)$ $(i \in \mathcal{Z}^+)$ を X の**周辺分布**（marginal distribution）と呼ぶ。周辺分布と同時分布の間にはつぎの関係式がある。

$$P(X=i) = \sum_{j=0}^{\infty} P(X=i, Y=j) \tag{2.3}$$

$P(Y=j) > 0$ なる $j \in \mathcal{Z}^+$ について，$Y=j$ の条件の下で $X=i$ $(i \in \mathcal{Z}^+)$ が起こる**条件付き確率**（conditional probability）をつぎの式で定義する。

$$P(X=i|Y=j) = \frac{P(X=i, Y=j)}{P(Y=j)} \tag{2.4}$$

このとき式 (2.3), (2.4) より，以下の式を得る。この式を**全確率の公式**（law of total probability）と呼ぶ。

$$P(X=i) = \sum_{j=0}^{\infty} P(Y=j)P(X=i|Y=j) \tag{2.5}$$

ただし，$P(Y=j)=0$ となる j については $P(Y=j)P(X=i|Y=j)=0$ とする。条件付き確率，全確率の公式はマルコフ連鎖やマルコフ決定過程における式展開の基礎になる。

式 (2.4) の両辺を i について和をとると，式 (2.3) について X と Y を入れ替えた式を用いることにより

$$\sum_{i=0}^{\infty} P(X=i|Y=j) = \frac{\sum_{i=0}^{\infty} P(X=i, Y=j)}{P(Y=j)} = 1$$

となる。したがって，$P(Y=j) > 0$ のとき $P(X=i|Y=j)$ も確率である。

$Y=j$ を満たすときの X の**条件付き期待値**（conditional expectation）をつぎの式で定義する。

$$E[X|Y=j] = \sum_{i=0}^{\infty} iP(X=i|Y=j)$$

このとき，X の期待値は条件付き期待値を用いてつぎのように計算できる。

$$E[X] = \sum_{i=0}^{\infty} i \sum_{j=0}^{\infty} P(X=i|Y=j)P(Y=j)$$

$$= \sum_{j=0}^{\infty}\{\sum_{i=0}^{\infty} iP(X = i|Y = j)\}P(Y = j)$$

$$= \sum_{j=0}^{\infty} E[X|Y = j]P(Y = j) \tag{2.6}$$

条件付き確率と全確率の公式より，つぎの式が成り立つ。

$$P(X = i|Y = j) = \frac{P(X = i, Y = j)}{P(Y = j)} = \frac{P(Y = j|X = i)P(X = i)}{\sum_{i'=0}^{\infty} P(Y = j|X = i')P(X = i')} \tag{2.7}$$

この式を**ベイズの定理**（Bayes' theorem）と呼ぶ。ベイズの定理は一般には確率事象に関する公式として知られており，式 (2.7) はその確率変数による表現となっている。X が（観測できない）環境，Y が観測される結果とする。$P(Y = j|X = i)$ は環境が i であるとき，j を観測する確率を表している。

環境 X に関する確率が既知であり，環境が与えられたとき結果が Y となる可能性が確率として既知であるとする。結果 Y として j が観測されたとき，背後にある環境 X が i である可能性を式 (2.7) で予測できることをこのベイズの定理は表している。

2.1.3 独　　　立

すべての $i, j \in \mathcal{Z}^+$ について

$$P(X = i, Y = j) = P(X = i)P(Y = j) \tag{2.8}$$

が成り立つとき，X と Y は互いに**独立**（independent）であるという。特に，$P(Y = j) > 0$ ならば，式 (2.8) は次式と等価である。

$$P(X = i) = P(X = i|Y = j) \quad \text{for all } i,\ j \in \mathcal{Z}^+ \tag{2.9}$$

同様に，すべての $i_1, i_2, \cdots, i_n \in \mathcal{Z}^+$ について

$$P(X_1 = i_1, X_2 = i_2, \cdots, X_n = i_n) = \prod_{m=1}^{n} P(X_m = i_m)$$

が成り立つとき，確率変数 $X_1, X_2, \cdots, X_n$ は互いに独立であるという。

確率変数 $X_1, X_2, \cdots, X_n$ が互いに独立であり，$E[X_i] < \infty, i = 1, 2, \cdots, n$ であるとする。このとき，確率変数の積に関するつぎの式が成り立つ。

$$E[X_1 X_2 \cdots X_n] = E[X_1]E[X_2] \cdots E[X_n]$$

同様に，n 個の関数 $f_i : \mathcal{Z}^+ \to \mathcal{R}$ $(i = 1, 2, \cdots, n)$ が与えられたとき，$E[|f_i(X_i)|] < \infty, (i = 1, 2, \cdots, n)$ が成り立つならば，つぎの式が成り立つ。

$$E[f_1(X_1)f_2(X_2) \cdots f_n(X_n)] = E[f_1(X_1)]E[f_2(X_2)] \cdots E[f_n(X_n)]$$

さらに，確率変数 $X_1, X_2, \cdots, X_n$ が互いに独立のとき以下が成り立つ。

$$Var[X_1 + X_2 + \cdots + X_n] = \sum_{i=1}^{n} Var[X_i]$$

非負の整数値をとる確率変数 X, Y に対し，$X + Y = n$ となるすべての (X, Y) の値の組について同時分布の和をとることにより

$$P(X + Y = n) = \sum_{i=0}^{n} P(X = i, Y = n - i), \quad n \in \mathcal{Z}^+$$

が成り立つ。特に X と Y が独立ならば，式 (2.8) より次式が成り立つ。

$$P(X + Y = n) = \sum_{i=0}^{n} P(X = i)P(Y = n - i), \quad n \in \mathcal{Z}^+$$

2.1.4　離散型確率変数の例

(a)　二項分布（binomial distribution）

パラメータ n, p $(n = 1, 2, \cdots,\ 0 \leqq p \leqq 1)$

$$p_i = \begin{cases} \begin{pmatrix} n \\ i \end{pmatrix} p^i (1-p)^{n-i}, & i = 0, 1, 2, \cdots, n \\ 0, & \text{上記以外} \end{cases}$$

ここで

$$\binom{n}{i} = {}_n\mathrm{C}_i = \frac{n!}{(n-i)!i!}, \quad i = 0, 1, 2, \cdots, n$$

$$i! = i(i-1)\cdots 1, \ 0! = 1$$

である。期待値は np, 分散は $np(1-p)$ である。1 回ごとの成功確率が p であり，各回の試行が互いに独立である試行（独立試行）において n 回のうち i 回成功する確率を表している。このとき，各試行は成功・失敗の 2 通りの結果となる。このような 2 種類の結果を持つ独立試行をベルヌーイ試行と呼ぶ。

(b) 幾何分布（geometric distribution）

パラメータ　$p \ (0 < p < 1)$

$$p_i = p(1-p)^i, \quad i \in \mathcal{Z}^+$$

期待値は $\dfrac{1-p}{p}$, 分散は $\dfrac{1-p}{p^2}$ である。ベルヌーイ試行において初めて成功するまでの失敗の回数を表している。

なお，幾何分布は別の表現で定義されることもある。例えば，確率分布 $p_i = p(1-p)^{i-1} \ (i = 1, 2, \cdots)$ はベルヌーイ試行において i 回目に初めて成功する確率を表している（$i = 0$ の場合が除かれている）。p と $1-p$ を入れ換えた表現もある。

(c) ポアソン分布（Poisson distribution）

パラメータ　$\lambda \ (\lambda > 0)$

$$p_i = \frac{\lambda^i}{i!}e^{-\lambda}, \quad i \in \mathcal{Z}^+$$

期待値は λ, 分散は λ である。

二項分布とポアソン分布にはつぎの関係がある。二項分布の期待値を $\lambda(= np)$ とする。λ を一定にして $n \to \infty$（したがって $p \to 0$）とするとき，パラメータ λ のポアソン分布に近付くことが知られている。

2.2 連続型確率変数

本節では実数値をとる確率変数について述べる。

2.2.1 分布関数

確率変数 X が実数の集合 $\mathcal{R}=(-\infty,\infty)$ 上の値をとるとする。

連続型の確率変数の場合，離散型のようにある1点の値をとる確率として表現することはできない。したがって，つぎの式で与えられる**分布関数**（distribution function）を定義する。

$$F(x)=P(X\leqq x),\quad x\in\mathcal{R}$$

分布関数の微分 $f(x)=\dfrac{d}{dx}F(x)\quad(x\in\mathcal{R})$ が存在するとき，$f(x)$ を X の**確率密度関数**（probability density function）という。このとき

$$F(x)=\int_{-\infty}^{x}f(y)dy$$

が成り立つ。なお，分布関数は，離散型でも定義可能である。離散型確率変数の場合は，分布関数は連続ではなく，確率密度関数を持たない。

一般に分布関数 $F(x)$ はつぎの性質を満たす。

・$F(\infty)=\lim_{x\to\infty}F(x)=1,\quad F(-\infty)=\lim_{x\to-\infty}F(x)=0$

・$F(x)$ は右半連続である。すなわち $F(x)=\lim_{y\downarrow x}F(y)$ である。ここで $\lim_{y\downarrow x}$ は $y>x$ を保ちながら y を x に近付けたときの極限である。

・$F(x)$ は単調非減少である。すなわち，$x\leqq y\rightarrow F(x)\leqq F(y)$ が成り立つ。

・$x\leqq y$ のとき $P(x<X\leqq y)=P(X\leqq y)-P(X\leqq x)$

2.2.2 期待値，分散，独立，条件付き確率

連続型確率変数 X の期待値 $E[X]$ をつぎの式で定義する。

$$E[X]=\int_{-\infty}^{\infty}xdF(x)=\int_{-\infty}^{\infty}xf(x)dx$$

期待値を定義できるとき，この式は分布関数を用いてつぎのように表現できる。

$$E[X] = -\int_{-\infty}^{0} F(x)dx + \int_{0}^{\infty} (1 - F(x))dx$$

特に，X が非負実数値をとるとき

$$E[X] = \int_{0}^{\infty} xdF(x) = \int_{0}^{\infty} (1 - F(x))dx$$

が成り立つ。

図 2.2 に非負の値をとる連続型確率変数に関する分布関数と期待値の関係を示す。離散型確率変数（図 2.1 参照）と同様，y 軸と $y = 1$, 分布関数 $F(x)$ に囲まれた部分の面積が期待値となる。

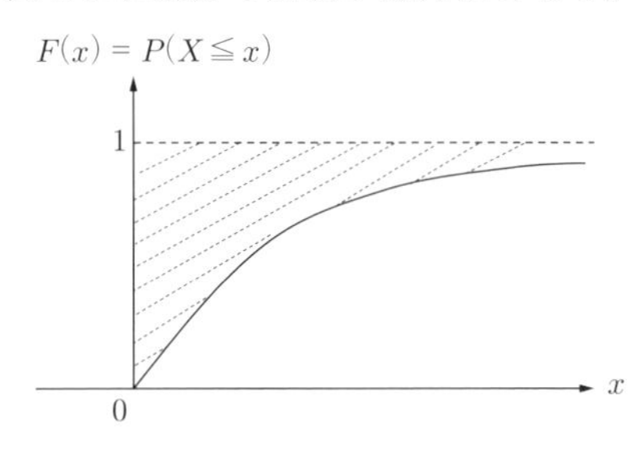

図 2.2 期待値（連続型確率変数）

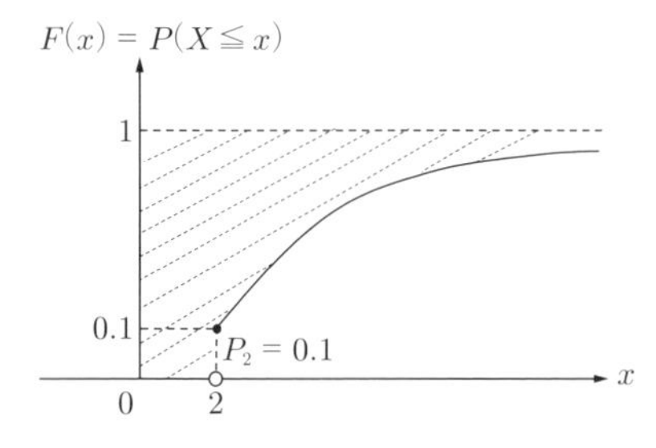

図 2.3 期待値の計算例

ここで表現された $\displaystyle\int_{0}^{\infty} \cdots dF(x)$ は分布関数 $F(x) = P(X \leqq x)$ に関するスティルチェス積分と呼ばれる。例えば，つぎの分布関数を考える（**図 2.3** 参照）。

$$\left.\begin{array}{l} P(X < 2) = 0,\ P(X = 2) = 0.1 \\ P(X \leqq x) = 1 - 0.9e^{-x+2} \quad (x \geqq 2) \end{array}\right\} \tag{2.10}$$

この場合，確率変数 X は確率 0.1 で 2 をとり，$X > 2$ において微小区間 $(x, x + dx)$ 内の値をとる確率が $f(x)dx = 0.9e^{-x+2}dx$ と近似できることを表している。この場合は，離散型の部分と連続型の部分を分けて計算をする。すなわち，式 (2.10) で表される分布の期待値は

$$E[X] = 0.1 \times 2 + \int_{2}^{\infty} x0.9e^{-x+2}dx = 0.2 + 2.7 = 2.9$$

となる。この値は図 2.3 の斜線部の面積と一致する。

期待値 $m = E[X]$ が存在するとき，分散をつぎの式で定義する。

$$Var[X] = E[(X-m)^2] = \int_{-\infty}^{\infty} (x-m)^2 f(x)dx = E[X^2] - (E[X])^2$$

確率変数 X, Y の分布関数を $F_X(x)$, $F_Y(x)$ とする。

$$P(X \leqq x,\ Y \leqq y) = F_X(x)F_Y(y), \quad \forall x, y \in \mathcal{R}$$

が成り立つとき，X と Y は互いに独立であるという。

一般に，確率変数 $X_1, X_2, \cdots, X_k$ について，分布関数をそれぞれ $F_{X_1}(x)$, $F_{X_2}(x), \cdots, F_{X_k}(x)$ とするとき

$$P(X_1 \leqq x_1,\ X_2 \leqq x_2, \cdots, X_k \leqq x_k) = F_{X_1}(x_1)F_{X_2}(x_2)\cdots F_{X_k}(x_k)$$
$$\forall x_1, x_2, \cdots, x_k \in \mathcal{R}$$

が成り立つならば，$X_1, X_2, \cdots, X_k$ は互いに独立であるという。

X, Y を非負実数値をとる確率変数とするとき，全確率の公式により Y の分布関数を以下の式で求めることができる。

$$P(Y \leqq y) = \int_0^{\infty} P(Y \leqq y | X = x) dP(X \leqq x)$$

X が密度関数 f_X を持つならば

$$P(Y \leqq y) = \int_0^{\infty} P(Y \leqq y | X = x) f_X(x) dx$$

となる。

非負の値をとる確率変数 X, Y の和の分布はつぎの式となる。

$$P(X+Y \leqq z) = \int_0^z P(Y \leqq z-x | X = x) dP(X \leqq x),\ z \geqq 0 \quad (2.11)$$

X と Y が互いに独立ならば

$$P(X+Y \leqq z) = \int_0^z P(Y \leqq z-x) dP(X \leqq x), \quad z \geqq 0$$

となり，さらに X が密度関数 $f_X(x)$ を持てば

$$P(X+Y \leqq z) = \int_0^z P(Y \leqq z-x) f_X(x) dx, \quad z \geqq 0$$

として計算できる。

2.2.3 指数分布の性質

指数分布 (exponential distribution) は以降に述べる連続時間マルコフ連鎖, 連続時間マルコフ決定過程において重要な分布となる。以下にその性質を示す。

パラメータ λ (λ は正の実数) を持つ指数分布の分布関数はつぎの式で与えられる。

$$F(x) = \begin{cases} 0 & x \leqq 0 \\ 1 - e^{-\lambda x} & x > 0 \end{cases}, \quad f(x) = \lambda e^{-\lambda x}, \quad x > 0$$

期待値は $\dfrac{1}{\lambda}$, 分散は $\dfrac{1}{\lambda^2}$ である。

定理 2.1 (指数分布の**無記憶性** (memoryless property)) 確率変数 X が平均 $\dfrac{1}{\lambda}$ の指数分布に従うものとする。$X > t_0$ の条件の下で, $X' = X - t_0$ は X と同じ分布に従う。

【証明】 任意の $t > 0$ において

$$P(X \leqq t) = 1 - P(X > t)$$
$$P(X' \leqq t | X > t_0) = 1 - P(X' > t | X > t_0)$$

となるので, $P(X > t) = P(X' > t | X > t_0)$ を示せばよい。

$$\begin{aligned} P(X' > t | X > t_0) &= \frac{P(X' > t, X > t_0)}{P(X > t_0)} \\ &= \frac{P(X - t_0 > t, X > t_0)}{P(X > t_0)} = \frac{P(X > t_0 + t)}{P(X > t_0)} \\ &= \frac{e^{-\lambda(t_0 + t)}}{e^{-\lambda t_0}} = e^{-\lambda t} = P(X > t) \end{aligned}$$

◇

n を 1 以上の整数とするとき, パラメータ (n, λ) を持つ**アーラン分布** (Erlang distribution) をつぎの式で定義する。

$$F(x) = \begin{cases} 0 & , \quad x \leqq 0 \\ 1 - \sum_{j=0}^{n-1} \dfrac{(\lambda x)^j}{j!} e^{-\lambda x}, & x > 0 \end{cases}$$

$$f(x) = \frac{\lambda^n x^{n-1}}{(n-1)!} e^{-\lambda x}, \quad x > 0$$

補題 2.1　$X_1, X_2, \cdots, X_n$ が互いに独立で，おのおの平均 $\dfrac{1}{\lambda}$ の指数分布に従う確率変数であるとする。$S = \displaystyle\sum_{k=1}^{n} X_k$ は，パラメータ (n, λ) のアーラン分布に従う。

実際，$X_1 + X_2$ の分布関数は

$$\begin{aligned} P(X_1 + X_2 \leqq x) &= \int_0^x P(X_2 \leqq x - y) dP(X_1 \leqq y) \\ &= \int_0^x (1 - e^{-\lambda(x-y)}) \lambda e^{-\lambda y} dy \\ &= 1 - e^{-\lambda x} - \lambda x e^{-\lambda x} \end{aligned}$$

となり，これは $n = 2$ のアーラン分布である。同様に帰納法により上記の結果を得ることができる。

パラメータ (n, λ) のアーラン分布の期待値は n/λ, 分散は n/λ^2 である。直接計算してもよいが，この補題から明らかであろう。

つぎの補題は，連続時間マルコフ連鎖や連続時間マルコフ決定過程において重要な指数分布の性質となる。

補題 2.2　X_i $(i = 1, 2, \cdots, n)$ を，互いに独立で，それぞれ平均 $1/\mu_i$ の指数分布に従う確率変数列とする。このとき，$\min(X_1, X_2, \cdots, X_n)$ は平均 $\dfrac{1}{\sum_{i=1}^{n} \mu_i}$ の指数分布に従う。また，X_i が最小となる確率は $\dfrac{\mu_i}{\sum_{j=1}^{n} \mu_j}$ であり，$\min(X_1, X_2, \cdots, X_n)$ の値によらない。

【証明】

$$P(X_i = \min_{j=1,2,\cdots,n} X_j, X_i > t) = \int_t^\infty \prod_{j \neq i} P(X_j > u | X_i = u) dP(X_i \leqq u)$$

$$= \int_t^\infty \prod_{j \neq i} e^{-\mu_j u} \mu_i e^{-\mu_i u} du$$

$$= \frac{\mu_i}{\sum_{j=1}^{n} \mu_j} e^{-\sum_{j=1}^{n} \mu_j t}$$

となるので

$$P(\min_{j=1,2,\cdots,n} X_j > t) = \sum_{i=1}^{n} P(X_i = \min_{j=1,2,\cdots,n} X_j,\ X_i > t)$$
$$= \sum_{i=1}^{n} \frac{\mu_i}{\sum_{j=1}^{n} \mu_j} e^{-\sum_{j=1}^{n} \mu_j t} = e^{-\sum_{j=1}^{n} \mu_j t}$$

すなわち，最小時間 $\min_{j=1,2,\cdots,n} X_j$ は平均 $\frac{1}{\sum_{j=1}^{n} \mu_j}$ の指数分布に従う。さらに，条件付き確率の定義より

$$P(X_i = \min_{j=1,2,\cdots,n} X_j | \min_{j=1,2,\cdots,n} X_j > t) = \frac{\mu_i}{\sum_{j=1}^{n} \mu_j}$$

を得る。右辺は t の値によらない。したがって，X_i が最小となる確率は，最小時間の値とは関係なく $\frac{\mu_i}{\sum_{j=1}^{n} \mu_j}$ となる。

2.3 離散時間マルコフ連鎖

2.3.1 推 移 確 率

待ち行列で待つ客数，需要・在庫の変動等，時刻とともに確率的に変動するシステムは多い。そのような確率的振舞いを表現するモデルの一つがマルコフ連鎖である。ここでは，離散時間マルコフ連鎖の解析を行う。

確率過程は，状態の列によって記述される。離散時刻 $n \in \mathcal{N} = \{0, 1, 2, \cdots\}$ における状態を X_n とするとき，確率過程は $\{X_0, X_1, X_2, \cdots\}$ と表現される。とり得る状態の集合 S を**状態空間**と呼ぶ。

定義 2.1　　確率過程 $\{X_n; n \in \mathcal{N}\}$ がつぎの性質を満たすとき，**マルコフ過程**（Markov process）と呼ぶ。

すべての $n \in \mathcal{N}$, $x_0, x_1, \cdots, x_n, x_{n+1} \in S$ に対し

$$
\begin{aligned}
&P(X_{n+1} = x_{n+1} | X_0 = x_0, X_1 = x_1, \cdots, X_n = x_n) \\
&\quad = P(X_{n+1} = x_{n+1} | X_n = x_n) \qquad (2.12)
\end{aligned}
$$

が成り立つ。

式 (2.12) の性質を**マルコフ性**という。状態空間 S の要素数が高々可算無限，すなわち状態の各要素について 0, 1, 2, $\cdots$ と番号付けることができるとき，離散時間上のこの確率過程を**離散時間マルコフ連鎖**（discrete time Markov chain）という。このとき，S に属する各状態に番号付けることにより，一般性を失うことなく状態空間を非負整数の空間 $\mathcal{Z}^+ = \{0, 1, 2, \cdots\}$ とすることができる（有限状態空間の場合は $S = \{0, 1, \cdots, N\}$ 等とする）。

式 (2.12) の右辺が n に依存しないとき，すなわち

$$
P_{ij} = P(X_{n+1} = j | X_n = i), \quad i, j \in S \qquad (2.13)
$$

と表現できるとき，**定常マルコフ連鎖**（stationary Markov chain）（または，時間について一様なマルコフ連鎖（time-homogeneous Markov chain），斉時マルコフ連鎖）という。P_{ij} は**推移確率**（transition probability）と呼ぶ。この章を通じて，定常マルコフ連鎖を扱う。

定常性より，$i, j \in S$ のとき

$$
P_{ij} = P(X_1 = j | X_0 = i) = P(X_{n+1} = j | X_n = i), \ \forall n \in \mathcal{N}
$$

が成り立つ。さらに

$$
\sum_{j \in S} P_{ij} = 1, \quad i \in S
$$

が成り立つ。また，状態 $i \in S$ から m 期後に状態 $j \in S$ に推移する確率を

$$P_{ij}^{(m)} = P(X_m = j | X_0 = i) = P(X_{n+m} = j | X_n = i), \quad m, n \in \mathcal{N}$$

と置くと，周辺分布と同時分布の関係式 (2.3)，全確率の公式 (2.5) を用いて

$$\begin{aligned} P_{ij}^{(m)} &= \sum_{k \in S} P(X_l = k, X_m = j | X_0 = i) \\ &= \sum_{k \in S} P(X_l = k | X_0 = i) \cdot P(X_m = j | X_0 = i, X_l = k) \\ &= \sum_{k \in S} P_{ik}^{(l)} P_{kj}^{(m-l)} \quad (0 < l < m) \end{aligned} \tag{2.14}$$

が成り立つ。式 (2.14) を**チャップマン・コルモゴロフ方程式**（Chapman-Kolmogorov equation）という。特に

$$P_{ij}^{(m)} = \sum_{k \in S} P_{ik} P_{kj}^{(m-1)} = \sum_{k \in S} P_{ik}^{(m-1)} P_{kj} \tag{2.15}$$

が成り立つ。

以下の式で与えられる行列 P を**推移確率行列**（transition probability matrix）と呼ぶ。

$$P = \begin{pmatrix} P_{00} & P_{01} & \cdots \\ P_{10} & P_{11} & \cdots \\ \vdots & \vdots & \ddots \end{pmatrix}$$

このとき

$$(P^2)_{ij} = \sum_{k \in S} P_{ik} P_{kj} = P_{ij}^{(2)}$$

が成り立つ。ここで行列 A に対し A_{ij} は i 行 j 列要素（$i = 0, 1, 2, \cdots,\ j = 0, 1, 2, \cdots$）を表している。一般に

$$P^m = \begin{pmatrix} P_{00}^{(m)} & P_{01}^{(m)} & \cdots \\ P_{10}^{(m)} & P_{11}^{(m)} & \cdots \\ \vdots & \vdots & \ddots \end{pmatrix}$$

となり

$$P^m = P^l \cdot P^{m-l}, \quad P_{ij}^{(m)} = (P^m)_{ij}$$

が成り立つ。

$\pi_i^{(n)} = P(X_n = i)$ とし，$\boldsymbol{\pi}^{(n)} = (\pi_0^{(n)}, \pi_1^{(n)}, \cdots)$ と置く。$\boldsymbol{\pi}^{(0)}$ は初期確率ベクトルと呼ぶ。

例えば，時刻 0 において状態 0 であることが既知ならば

$$\pi_0^{(0)} = 1,\ \pi_i^{(0)} = 0,\ \ i \geqq 1$$

となる。

$\boldsymbol{\pi}^{(0)}$ が与えられたとき，$\boldsymbol{\pi}^{(1)}$ の各要素 $\pi_i^{(1)}$ $(i \in S)$ は

$$\begin{aligned}
\pi_i^{(1)} &= P(X_1 = i) = \sum_{k \in S} P(X_0 = k, X_1 = i) \\
&= \sum_{k \in S} P(X_1 = i | X_0 = k) P(X_0 = k) \\
&= \sum_{k \in S} \pi_k^{(0)} P_{ki}
\end{aligned}$$

となる。$n \geqq 2$ のとき

$$\begin{aligned}
\pi_i^{(n)} &= \sum_{k \in S} \pi_k^{(n-1)} P_{ki} = \sum_{k \in S} \sum_{l \in S} \pi_l^{(n-2)} P_{lk} P_{ki} \\
&= \sum_{l \in S} \pi_l^{(n-2)} \sum_{k \in S} P_{lk} P_{ki} = \sum_{k \in S} \pi_l^{(n-2)} P_{li}^{(2)}
\end{aligned}$$

が成り立つ。よって一般に

$$\pi_i^{(n)} = \sum_{k \in S} \pi_k^{(n-1)} P_{ki} = \sum_{k \in S} \pi_k^{(n-2)} P_{ki}^{(2)} = \cdots = \sum_{k \in S} \pi_k^{(0)} P_{ki}^{(n)}$$

となる。すなわち

$$\boldsymbol{\pi}^{(n)} = \boldsymbol{\pi}^{(n-1)} P = \boldsymbol{\pi}^{(n-2)} P^2 = \cdots = \boldsymbol{\pi}^{(0)} P^n$$

である。

2.3.2 状態の分類

この項では状態の分類について定義する。

定義 2.2 状態 $i, j \in S$ に対し，$P_{ij}^{(n)} > 0$ となる $n \geqq 0$ が存在するとき，i から j へ**到達可能**（accessible, reachable）であると呼び，$i \to j$ と書く。

$i \to j$ かつ $j \to i$ が成り立つとき，i と j は**互いに到達可能**（communicate, mutually reachable）であると呼び，$i \leftrightarrow j$ と書く。

$i \leftrightarrow j$ は**同値関係**（equivalence relation），すなわちつぎの三つを満たす。

(a) 反射則（reflexive law）$i \leftrightarrow i \qquad \forall i \in S$

(b) 推移則（transitive law）$i \leftrightarrow j, j \leftrightarrow k \Longrightarrow i \leftrightarrow k \qquad \forall i, j, k \in S$

(c) 対称則（symmetric law）$i \leftrightarrow j \Longrightarrow j \leftrightarrow i \qquad \forall i, j \in S$

反射則は $P_{ii}^{(0)} = P(X_0 = i | X_0 = i) = 1$ であることから成り立つ。

推移則を示すために，ある $m \geqq 0$, $n \geqq 0$ について $P_{ij}^{(m)} > 0$, $P_{jk}^{(n)} > 0$ とする。式 (2.14) より

$$P_{ik}^{(m+n)} \geqq P_{ij}^{(m)} P_{jk}^{(n)} > 0$$

となり，$i \to k$ となる。逆方向も成り立つことにより推移則を示すことができる。対称則は明らかであろう。

定義 2.3 状態 $i \in S$ に対し，状態集合 $C(i) = \{j \in S | i \leftrightarrow j\}$ を，状態 i を含む**クラス**（class）と呼ぶ。

反射則から，i はクラス $C(i)$ に属している（**図 2.4** 参照）。

このクラスはマルコフ決定過程の平均費用規範の下で重要な意味を持つ。クラスに関する定理 2.2 を示す。

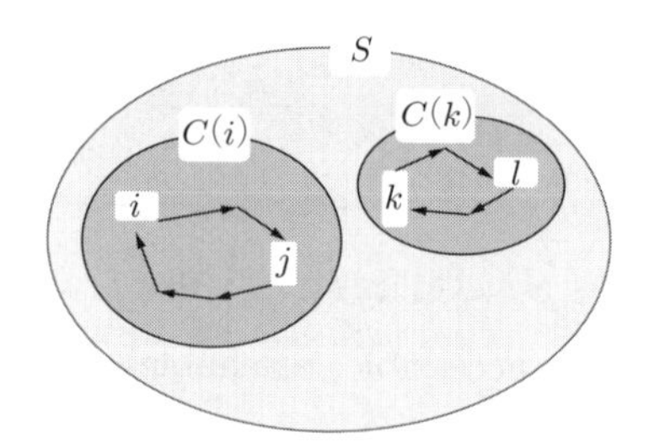

図 **2.4**　状態のクラス

定理 2.2　状態 $i \in S$ に関するクラス $C(i)$ は同値関係 $\leftrightarrow$ に関する**同値類**を形成する，すなわちつぎの性質が成り立つ。

(a)　$j, k \in C(i) \Rightarrow j \leftrightarrow k$

(b)　$i \leftrightarrow j \Leftrightarrow C(i) = C(j)$

(c)　$C(i) \neq C(j) \Rightarrow C(i) \cap C(j) = \phi$

【証明】　同値関係と同値類に関して一般に成り立つ性質であるが，以下に示す。

$j, k \in C(i)$ ならば $i \leftrightarrow j$, $i \leftrightarrow k$ となるので対称則と推移則より (a) が成り立つ。

(b) を示す。$i \leftrightarrow j$ とする。$C(j)$ に属する任意の状態 k について，$j \leftrightarrow k$ であり，推移則より $i \leftrightarrow k$ となる。すなわち $k \in C(i)$ となるので，$C(j) \subset C(i)$ となる。i と j を入れ替えても同様の議論が成り立ち，$C(i) \subset C(j)$ となり，(b) が成り立つ。

$C(i) \cap C(j) \neq \phi$ とする。このときある $k \in S$ について $k \in C(i), k \in C(j)$ が成り立つ。$i \leftrightarrow k$, $j \leftrightarrow k$ より $i \leftrightarrow j$ となる。したがって，$C(i)$ に属する任意の状態 l について $l \leftrightarrow j$ となり，$l \in C(j)$ となる。同様に $C(j)$ に属する任意の状態 l' について $l' \in C(i)$ となり，$C(i) = C(j)$ を得る。対偶をとることで (c) を得る。

状態空間 S から一つの状態 i を取り出し，i を含むクラスを $C(i)$ とする。つぎに，$C(i)$ に含まない状態 j を取り出し，j を含むクラスを $C(j)$ とする。これを繰り返すことにより，S は複数のクラスに分割できる。S が可算無限個の状態から成るとき，クラスは可算無限個存在することもある。

例 2.1（ランダムウォーク） $S = \mathcal{Z}^+$ とし，ある定数 a $(0 \leqq a \leqq 1)$ を用いて $P_{i,i+1} = a$ $(i \in \mathcal{Z}^+)$, $P_{0,0} = 1 - a$, $P_{i,i-1} = 1 - a$ $(i = 1, 2, \cdots)$ とする（**図 2.5** 参照）。このマルコフ連鎖は（片側に反射壁のある）ランダムウォークと呼ぶ。$a = 0$ または $a = 1$ のとき，$\{0\}, \{1\}, \{2\}, \cdots$ はそれぞれ唯一の状態から成るクラスとなり無限個存在する。$0 < a < 1$ のときは，任意の異なる状態間で到達可能であり，唯一のクラス S を持つ。

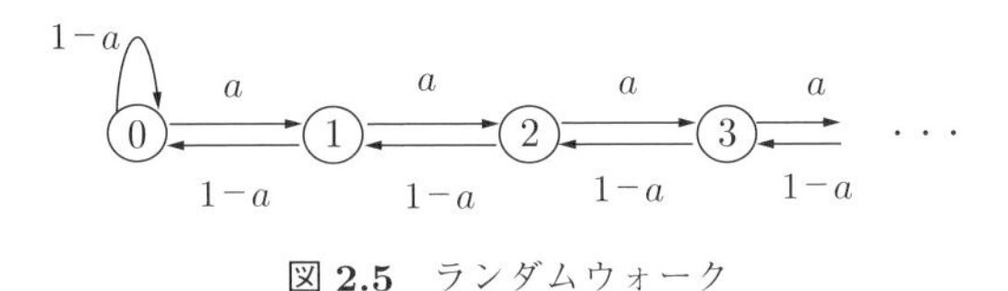

図 2.5 ランダムウォーク

定義 2.4 状態集合 $C \subseteq S$ について

$$i \in C,\ j \notin C \Rightarrow i \not\to j$$

が成り立つとき，C は**閉じている**（closed）という。ここで，$i \not\to j$ は状態 i から状態 j に到達可能ではないことを示す。

クラス C が閉じているとき，C に属する状態からは推移により C に属さない状態になることはなく，つねに集合 C のいずれかの状態となる。

特に唯一状態から成るクラス $\{i\}$ が閉じているとき，i は**吸収状態**（absorbing state）という。このとき i と異なるすべての状態 j $(j \neq i)$ に対し $P_{ij} = 0$ が成り立つ。

定義 2.5 S が唯一のクラスのみから成るとき，すなわち，すべての $i, j \in S$ に対し $i \leftrightarrow j$ が成り立つとき，S は**既約**（irreducible）であるという。

定義 2.6　$f_{ij}^{(n)} = P(X_k \neq j, k = 1, \cdots, n-1, X_n = j | X_0 = i)$ $(i, j \in S,\ n = 1, 2, \cdots)$ とする。$f_{ij}^{(n)}$ は状態 i から n 期後初めて j に到達する確率である。この時間 n を i から j への**初到達時間**（first passage time）という。

$j = i$ のとき，初期の状態 i にいることを i に到達したとはしない。したがって，$n = 0$ は上記定義に含まれていない。

i から j への到達確率を $f_{ij}^* = \sum_{n=1}^{\infty} f_{ij}^{(n)}$ とする。f_{ij}^* は，過程が状態 i にいるとき推移によりいつかは j に到達する確率となる。ここで $0 \leqq f_{ij}^* \leqq 1$ である。

確率変数 I_{ij} をつぎのように定義する。初期状態が $i \in S$ であるとき，n 期後に初めて $j \in S$ に到達するとき $I_{ij} = n$ $(n = 1, 2, \cdots)$ とする。このとき $f_{ij}^{(n)} = P(I_{ij} = n)$ である。ただし，i から j に到達しない可能性があるとき，すなわち $f_{ij}^* < 1$ のとき，I_{ij} は $\sum_{n=1}^{\infty} P(I_{ij} = n) < 1$，すなわち不完全な分布に従う確率変数となる。

$f_{ij}^* = 1$ のとき，$\mu_{ij} = \sum_{n=1}^{\infty} n f_{ij}^{(n)}$ を i から j への平均初到達時間という。特に μ_{ii} を状態 $i \in S$ の**平均再帰時間**（mean recurrence time）という。

定義 2.7　状態 $i \in S$ について

$f_{ii}^* = 1$ のとき，i は**再帰的**（recurrent）であるという。特に，

$\mu_{ii} < +\infty$ のとき**正再帰的**（positive recurrent）であるという。

$\mu_{ii} = +\infty$ のとき**零再帰的**（null recurrent）であるという。

また，$f_{ii}^* < 1$ のとき，i は**一時的**（transient）であるという。

$i \leftrightarrow j$ であっても，$f_{ij}^* = 1$ であるとは限らない。先のランダムウォークの例について $0 < a < 1$ では状態 S で互いに到達可能であるため唯一のクラスを持つ（すなわち既約である)。しかし，2.5 節の例 2.4 で述べるように，$a > 0.5$ の

とき，状態はすべて一時的となることが知られている。

例 2.2　$S=\{0,1,2,3,4,5\}$ とし，以下の推移確率行列で与えられるとする。空白は 0 を表している。

$$P=\begin{pmatrix} 0.5 & 0.2 & 0.3 & & & \\ 0.2 & 0.5 & & & 0.3 & \\ & & 0.2 & 0.8 & & \\ & & 0.6 & 0.4 & & \\ & & & & 0.3 & 0.7 \\ & & & & 0.8 & 0.2 \end{pmatrix}$$

状態 S は三つのクラス $\{0,1\}$, $\{2,3\}$, $\{4,5\}$ に分けられる。さらに，状態 0, 1 について，正の確率でそれぞれ状態 2, 4 に推移し，その後は再度 0, 1 の状態に戻らない。したがって，0, 1 は一時的な状態となる。状態 2, 3, 4, 5 は正再帰的である（図 **2.6** 参照）。

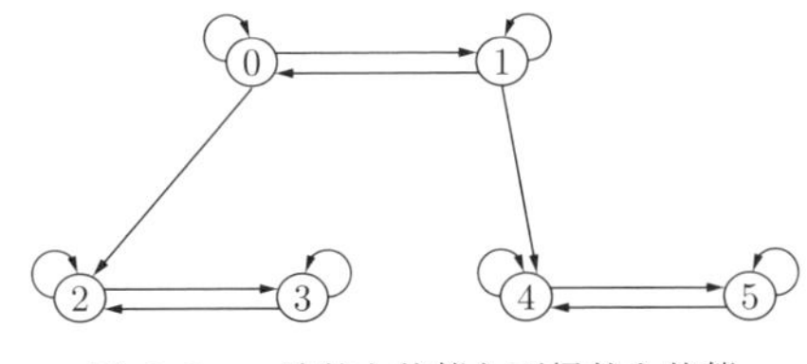

図 2.6　一時的な状態と再帰的な状態

---

f^*_{ij} については，全確率の公式を応用するとつぎの式が成り立つことがわかる。

$$f^*_{ij}=P_{ij}+\sum_{k\neq j}P_{ik}f^*_{kj},\quad i\in S,\ j\in S \tag{2.16}$$

定理 2.3　(a)　i が再帰的であり，$i\to j$ ならば，$f^*_{ij}=f^*_{ji}=1$ である。

(b)　再帰的な状態に関するクラスは閉じている。

【証明】　(a)　j を i から到達可能な状態とする。$P^{(n)}_{ij}>0$ となる最小の n を n^* とし，$p=P^{(n^*)}_{ij}>0$ とする。この確率で，i に戻らずに j に n^* 期後に到達していることに注意する。i から決して i を再訪問しない場合の一つとして，i から n^* 期

後に j に到達して，その後 i を訪れない場合を考える。このことが起こる確率はマルコフ性より $p(1-f_{ji}^*)$ となる。i から再度 i を訪問しない確率は $1-f_{ii}^*$ となることから

$$1-f_{ii}^* \geqq p(1-f_{ji}^*) \geqq 0$$

が成り立つ。しかし，i は再帰的な状態より左辺は 0 であり，$p>0$ より，$f_{ji}^*=1$ である。

仮定より，状態 i には確率 1 で戻る。i に戻る各時点において，n^* 期後に j を訪れずに結局状態 i に戻る確率は $1-p(0<1-p<1)$ となる。このとき，幾何分布の性質から確率 1 でいつかは j に到達することがわかる。したがって $f_{ij}^*=1$ である。

(b)　C を再帰的な状態 i を含むクラスとする。(a) より $i \to j$ ならば $j \in C$ である。この対偶から，$j \notin C$ ならば $i \not\to j$ である。したがって集合 C は閉じている。

以下の定理は，同じクラスにある状態は，すべて正再帰的であるか，すべて零再帰的であるか，すべて一時的であるかのいずれかであることを示している（伏見[1] p.101 系 1, p.103 定理 7.5 等）。

定理 2.4　　状態 $i, j \in S$ に対し，$i \leftrightarrow j$，すなわち状態 i, j が同じクラスに属するならば，以下が成り立つ。

i が正再帰的 $\Leftrightarrow$ j が正再帰的

i が零再帰的 $\Leftrightarrow$ j が零再帰的

i が一時的 $\Leftrightarrow$ j が一時的

既約で正再帰的な有限状態のマルコフ連鎖において，一つの状態 j への平均初到達時間 $\mu_{ij}(i \in S)$ は条件付き期待値に関する式 (2.6) より

$$\mu_{ij} = P_{ij} \cdot 1 + \sum_{k \neq j} P_{ik}(1+\mu_{kj}), \qquad i \in S$$

となるので，つぎの連立 1 次方程式を解くことで $\mu_{ij}(i \in S)$ の値が求められる。

$$\mu_{ij} = 1 + \sum_{k \neq j} P_{ik}\mu_{kj}, \qquad i \in S$$

2.4 周　　　　期

状態に関する周期をつぎの式で定義する。

定義 2.8　$P_{ii}^{(n)} > 0$ となる $n(\geqq 1)$ の最大公約数 q を i の**周期**（period）という。特に，$q = 1$ のとき，i は**非周期的**（aperiodic）であるという。$q \geqq 2$ のとき状態 i は**周期的**（periodic）であるという。

例 2.3　つぎの 3 種類の 6 状態マルコフ連鎖について考えよう（**図 2.7** 参照）。

(a)　$P_{1,2} = P_{2,3} = P_{4,5} = P_{5,6} = P_{6,1} = 1,\ P_{3,1} = 0.6,\ P_{3,4} = 0.4$

(b)　$P_{1,2} = P_{2,3} = P_{4,5} = P_{5,6} = P_{6,1} = 1,\ P_{3,6} = 0.6,\ P_{3,4} = 0.4$

(c)　$P_{1,2} = P_{2,3} = P_{4,5} = P_{5,6} = P_{6,1} = 1,\ P_{3,5} = 0.6,\ P_{3,4} = 0.4$

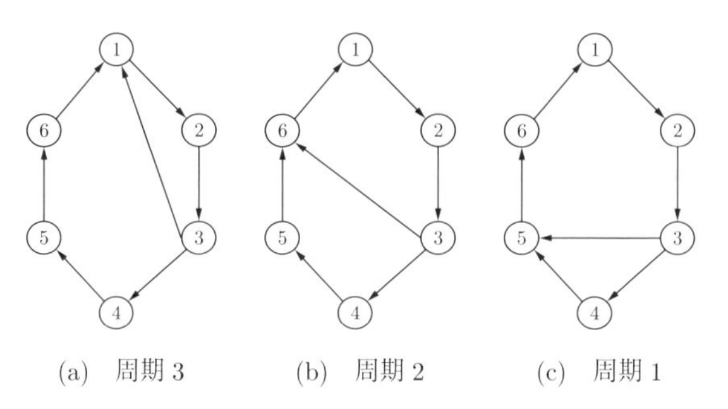

図 2.7　マルコフ連鎖の周期

いずれの例についても，マルコフ連鎖は既約である。この例について (a) は周期 3，(b) は周期 2 を持ち周期的である。(c) は周期 1（非周期的）である。

(a) について，状態 1 か 4 のとき，つぎの状態は 2 か 5，そのつぎの状態は 3 か 6 であり，その後状態 1 か 4 となる。すなわち，状態集合を三つの部分集合に分けることができ，$\{1,4\} \to \{2,5\} \to \{3,6\} \to \{1,4\}$ と順に部分集合のいずれかの状態を訪れることになる。この結果周期が 3 になる。

つぎの定理は，同じクラスに属する状態は同じ周期を持つことを示している。

定理 2.5　　状態 $i,j \in S$ に対し，$i \leftrightarrow j$ ならば，i と j は同じ周期を持つ。

【証明】　i の周期を $q(i)$ とする。$i \to j$ より，$P_{ij}^{(m)} > 0$ となる m が存在する。また $j \to i$ より，$P_{ji}^{(n)} > 0$ となる n が存在する。式 (2.14) より，$P_{ii}^{(m+n)} \geqq P_{ij}^{(m)} P_{ji}^{(n)} > 0$ となるので，$m+n$ は $q(i)$ の倍数である。

$P_{jj}^{(k)} > 0$ となる任意の k について，k は $q(j)$ の倍数である。式 (2.14) より $P_{ii}^{(m+k+n)} \geqq P_{ij}^{(m+k)} P_{ji}^{(n)} \geqq P_{ij}^{(m)} P_{jj}^{(k)} P_{ji}^{(n)} > 0$ となるので $m+k+n$ は $q(i)$ の倍数となる。したがって $k = (m+k+n) - (m+n)$ も $q(i)$ の倍数である。ゆえに，周期の定義から $q(j) \geqq q(i)$ が成り立つ。

同様に i と j を入れ替えることで $q(i) \geqq q(j)$ を示すことができる。

状態 i が非周期的，かつ正再帰的であるとき，i は**エルゴード的** (ergodic) という。

これまで述べた結果を基に，以下の定理を得る（本来再生過程や再生報酬過程の理論を用いて証明されるべきであるが，ここでは証明は省略する。Ross[26] pp.173–175 定理 4.3.1，定理 4.3.3 等を参照のこと）。

定理 2.6　　状態 $i,j \in S$ について以下が成り立つ。

(a)　$i \leftrightarrow j$ のとき（$i=j$ のときも含む）

・j：非周期・正再帰ならば（i も正再帰であり）

$$\lim_{n\to\infty} P_{ij}^{(n)} = \frac{1}{\mu_{jj}} > 0 \text{（正再帰より } \mu_{jj} < \infty \text{ である。）}$$

・j：非周期・零再帰ならば

$$\lim_{n\to\infty} P_{ij}^{(n)} = 0 \left(= \frac{1}{\mu_{jj}}\right)$$

・j：非周期・一時的ならば

$$\lim_{n\to\infty} P_{ij}^{(n)} = 0$$

(b)　j が非周期，正再帰であるならば，任意の状態 i に対し

$$\lim_{n\to\infty} P_{ij}^{(n)} = \frac{f_{ij}^*}{\mu_{jj}}$$

が成り立つ。特に，i が再帰的かつ $i \to j$ ならば，($f_{ij}^* = f_{ji}^* = 1$ となり)

$$\lim_{n\to\infty} P_{ij}^{(n)} = \frac{1}{\mu_{jj}} > 0$$

が成り立つ。

(c)　j が周期 $q(j)$ を持ち，正再帰的ならば

$$\lim_{n\to\infty} P_{jj}^{nq(j)} = \frac{q(j)}{\mu_{jj}}$$

(a) は，j が再帰的なとき，平均して μ_{jj} 回に 1 回状態 j を訪れることから成り立つ。(b) は，状態 i から状態 j に到達するには，一度状態 j に到達する必要があり，その後は平均して μ_{jj} 回に 1 回状態 j を訪れることから成り立つ。

(c) について説明する。状態 j が周期 $q(j)(\geqq 2)$ を持ち周期的な場合，$\lim_{n\to\infty} P_{jj}^{(n)}$ は存在しない。n が $q(j)$ の倍数でない場合，つねに $P_{jj}^{(n)} = 0$ であるのに対し，十分大きな n について n が $q(j)$ の倍数ならば $P_{jj}^{(n)} > 0$ となり，$P_{jj}^{(n)}$ の値は n の増加とともに正の値と 0 を振動して収束しないためである。$q(j)$ の倍数となる n のみ $P_{jj}^{(n)}$ の値を調べていくと，ちょうど $\mu_{jj}/q(j)$ 回に 1 回 j を訪れると考えれば上記の式となる。

周期によらず，j が正再帰的ならば

$$\lim_{n\to\infty} \frac{1}{n} \sum_{l=1}^{n} P_{ij}^{(l)} = \frac{f_{ij}^*}{\mu_{jj}} \tag{2.17}$$

が成り立つ。右辺は初期状態 i から状態 j を含むクラスを訪れる確率が f_{ij}^* であり，クラス内で j を訪れるのは μ_{jj} 回に 1 回であることを示している。この極限は時間平均，すなわち長時間で見たときに状態 j を訪れる割合を表している。5 章における Cesaro 極限と対応する。

2.5 マルコフ連鎖の定常確率と極限確率

定義 2.9　状態に関する初期確率を表す横ベクトル $\boldsymbol{\pi}^{(0)}$ が与えられているとする。

$$\pi_i^{(\infty)} = \lim_{n\to\infty} \pi_i^{(n)}, \ \sum_{i\in S} \pi_i^{(\infty)} = 1$$

となる $\boldsymbol{\pi}^{(\infty)} = (\pi_i^{\infty}, i \in S)$ が存在するならば $\boldsymbol{\pi}^{(\infty)}$ を**極限確率**（limiting probability）（あるいは**平衡確率**（steady state probability））という。

初期確率ベクトル $\boldsymbol{\pi}^{(0)}$ が与えられたとき，n 期における状態に関する確率を並べたベクトル $\boldsymbol{\pi}^{(n)}$ について，以下が成り立つ（2.3 節参照）。

$$\boldsymbol{\pi}^{(n)} = \boldsymbol{\pi}^{(n-1)} P \quad \left(\pi_i^{(n)} = \sum_{k\in S} \pi_k^{(n-1)} P_{ki} \right)$$

$\boldsymbol{\pi}^{(\infty)}$ が存在するならば n について両辺の n を無限大にすることにより

$$\boldsymbol{\pi}^{(\infty)} = \boldsymbol{\pi}^{(\infty)} P \tag{2.18}$$

が成り立つ。

$\boldsymbol{\pi}^{(\infty)}$ が初期分布 $\boldsymbol{\pi}^{(0)}$ に依存しないならば

$$\boldsymbol{\pi}^{(\infty)} = \lim_{n\to\infty} \boldsymbol{\pi}^{(n)} = \lim_{n\to\infty} \boldsymbol{\pi}^{(0)} P^{(n)} = \boldsymbol{\pi}^{(0)} \lim_{n\to\infty} P^{(n)}$$

となるので

$$\pi_j^{(\infty)} = \sum_{i \in S} \pi_i^{(0)} P_{ij}^{(\infty)}$$

であり，$\sum_{i \in S} \pi_i^{(0)} = 1$ となる任意の $\boldsymbol{\pi}^{(0)}$ について成り立つから

$$P_{ij}^{(\infty)} = \pi_j^{(\infty)}$$

$$P^{\infty} = \lim_{n \to \infty} P^{(n)} = \begin{pmatrix} \boldsymbol{\pi}^{(\infty)} \\ \boldsymbol{\pi}^{(\infty)} \\ \vdots \end{pmatrix}$$

を得る。すなわち, P^{∞} の横ベクトルはすべて同じとなる。この結果は定理2.6(a)の非周期正再帰のときの結果と一致する。

$\boldsymbol{\pi}^{(\infty)}$ に関する式 (2.18) を基に，つぎの定常確率を定義する。$\boldsymbol{e}$ を，すべての要素が 1 である縦ベクトルとする。

定義 2.10　横ベクトル $\boldsymbol{\pi} = (\pi_0, \pi_1, \pi_2, \cdots)$ が

$$\boldsymbol{\pi} = \boldsymbol{\pi} P,\ \boldsymbol{\pi}\boldsymbol{e} = 1,\ \pi_i \geqq 0, \quad \forall i \in S \tag{2.19}$$

を満足するとき，$\boldsymbol{\pi}$ を**定常確率**（stationary probability）という。

極限確率が存在すれば, 式 (2.18) よりそれは定常確率である。一方, 定常確率を満たすとしても, 必ずしも極限確率とはいえない。周期を持つ場合は定理 2.6 の後の議論にあるようにそもそも極限確率が存在しない。

複数の正再帰的なクラスを持つときは, 初期状態確率ベクトルにより極限確率が異なるため, 無数の極限確率が存在する。すなわち, 式 (2.19) を満たす定常確率も無数に存在する。したがって, 複数のクラスを持つ非周期なマルコフ連鎖について, 定常確率を一つ求めたとき, ある初期確率ベクトルの極限確率と対応することに注意する必要がある。また, 可算無限状態空間を持つマルコフ連鎖については, 極限確率が不完全である場合も存在することに注意する（例 2.1）。

既約なマルコフ連鎖について，以下の定理が成り立つ（証明は Ross[26] p.175 定理 4.3.3 を参照のこと）。

定理 2.7　マルコフ連鎖が既約であるとする。
(a)　状態が正再帰であるならば，（周期によらず）唯一の定常確率を持つ。特に非周期的ならば，極限確率と一致する。
(b)　状態が零再帰的，または一時的であるならば，定常確率は存在しない。

マルコフ連鎖が既約で唯一の正再帰的なクラスを持つとする（周期的な場合も含む）。すべての $i, j \in S$ について $f_{ij}^* = 1$ であり，式 (2.17) より

$$\lim_{n\to\infty} \frac{1}{n} \sum_{l=1}^{n} P_{ij}^{(l)} = \frac{1}{\mu_{jj}}$$

である。一方，定常確率を $\boldsymbol{\pi}$ とすると

$$\boldsymbol{\pi} = \boldsymbol{\pi} P = \boldsymbol{\pi} P^2 = \cdots$$

となるので

$$\boldsymbol{\pi} = \boldsymbol{\pi} \frac{1}{n} \sum_{k=1}^{n} P^k$$

を得る。$n \to \infty$ とすると

$$\boldsymbol{\pi} = \boldsymbol{\pi} \lim_{n\to\infty} \frac{1}{n} \sum_{k=1}^{n} P^k = \left(\frac{1}{\mu_{00}}, \frac{1}{\mu_{11}}, \cdots \right) \tag{2.20}$$

を得る。

例 2.4　例 2.1 のランダムウォークについて考える。ただし $0 < a < 1$ とする。推移確率行列はつぎの式で与えられる。このマルコフ連鎖は非周期的である。

$$P = \begin{pmatrix} 1-a & a & & & \\ 1-a & & a & & \\ & 1-a & & a & \\ & & 1-a & & a \\ & & & \cdots & \cdots \end{pmatrix}$$

これより定常確率に関する連立1次方程式はつぎのとおりとなる。

$$\pi_0 = (1-a)\pi_0 + (1-a)\pi_1$$
$$\pi_i = a\pi_{i-1} + (1-a)\pi_{i+1}, \quad i = 1, 2, \cdots \tag{2.21}$$

2番目の式は

$$(1-a)\pi_{i+1} - a\pi_i = (1-a)\pi_i - a\pi_{i-1}, \quad i = 1, 2, \cdots$$

となるため，1番目の式と合わせて

$$\pi_i = \left(\frac{a}{1-a}\right)^i \pi_0, \quad i = 1, 2, \cdots$$

を得る。$\sum_{i=0}^{\infty} \pi_i = 1$ であることから，$0 < a < 0.5$ ならば $\pi_i > 0$ ($i = 0, 1, 2, \cdots$) となる定常確率が存在し，すべての状態が正再帰的であることを示すことができる。一方，$a \geqq 0.5$ のときは $\sum_{i=0}^{\infty} \pi_i = 1$ を満たさない。

実際，$a > 0.5$ ならば一時的，$a = 0.5$ ならば零再帰的である。直感的には，$a > 0.5$ のときは連立方程式 (2.21) の解が $\pi_{i+1} > \pi_i$ を満たすことから，より大きな値の状態に向かい，同じ状態には戻らない可能性があることを示唆している。$a = 0.5$ のとき，$\pi_{i+1} = \pi_i$ であることから，時間が経つにつれてすべての状態を等確率にとる。状態数が可算無限のため，長期的にみて同じ状態に戻る頻度は $1/\infty$ で0になり，結果として確率1で同じ状態に戻るが，それにかかる経過時間の期待値が無限大になることを示している。

状態数が有限の場合については2.6節でさらに詳しく述べる。

2.6 有限マルコフ連鎖

状態数を有限とする。すなわち，$S = \{0, 1, 2, \cdots, N\}$, $N < +\infty$ である。このとき，これまでの議論からつぎのことが成り立つ。

・零再帰的な状態は存在しない。

有限個の状態内で同じ状態を訪れる間隔の期待値は有限であることから，再帰的な状態は正再帰となる。

・すべての状態が一時的になるということはない。

すべての状態が一時的とすると，例えば非周期的のときにはどの状態も極限確率は 0 となり，有限状態空間のどこかの状態にいることに反する。

・状態空間は，有限個のクラスに分割できる。

定理 2.8　有限マルコフ連鎖において

(a) 閉じているクラスが存在する。

(b) 閉じているクラスは正再帰的である。

【証明】　(a) 状態空間が有限であることから，状態空間は有限個のクラス $C_1, \cdots, C_k$ に分割できる。C_1 が閉じていないならば，C_1 から到達可能な状態 i がある別のクラス C_l $(l \neq 1)$ に存在する。もしこの C_l が閉じていないとすると，C_l から到達可能な状態 i' が異なるクラス C_m $(m \neq 1, l)$ に存在する（i' が C_1 に属するなら，C_1 と C_l が別のクラスであることに反する)。この議論を繰り返すと，クラスが有限個であることから，必ず閉じたクラスに到達する。
(b) あるクラスが閉じているならば，初期状態がそのクラスに属するとき，そのクラスに属する有限個の状態内を推移することから成り立つ。

定理 2.3(b) の対偶をとることにより，閉じていないクラスに属する状態は一時的であることに注意しよう。定理 2.8 より，状態 S は，閉じた $k(\geq 1)$ 個の正再帰的なクラス $C_1, C_2, \cdots, C_k$ と，一時的状態の集合 R（一時的な状態か

ら成るクラスの和集合）に分割することができる（**図 2.8** 参照）。

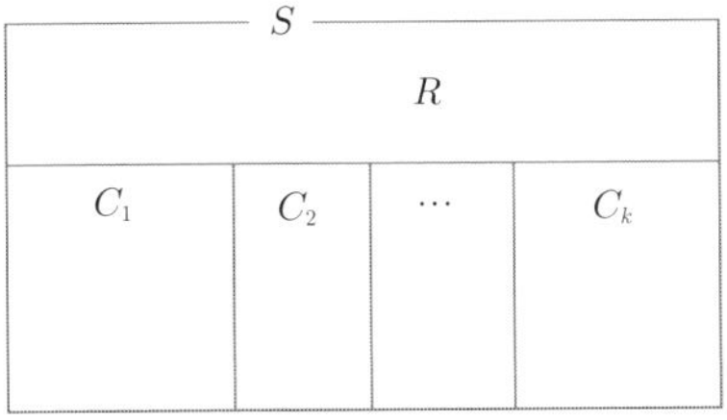

図 **2.8** 複数のクラスを持つマルコフ連鎖

集合 A に対し A の要素数を $|A|$ の記号で表すとする。このとき，推移確率行列は以下の式で表現される。Q_l は $|C_l| \times |C_l|$ の正方行列，R_l は $|R| \times |C_l|$ の行列，S は $|R| \times |R|$ の正方行列である。空白はすべての要素が 0 であることを表す。

$$
P = \begin{array}{c} \\ C_1 \\ C_2 \\ \\ C_k \\ R \end{array}
\begin{array}{c} \begin{array}{ccccc} C_1 & C_2 & \cdots & C_k & R \end{array} \\
\begin{pmatrix} Q_1 & & & & \\ & Q_2 & & & \\ & & \ddots & & \\ & & & Q_k & \\ R_1 & R_2 & \cdots & R_k & S \end{pmatrix} \end{array}
$$

有限マルコフ連鎖の場合，i と j が同じクラスであるかどうかはつぎの定理により判定できる。

定理 2.9 $i \neq j$ のとき，$P_{ij}^{(n)} > 0$ となる n が $1 \leqq n \leqq N$ ($N =$ 状態数 $- 1$) に存在するとき，そのときにのみ i から j に到達可能である。

【証明】 $P_{ij}^{(n)} > 0$ となる最小の n が $N+1$ 以上であるとする。i から j への状態列 $i, i_1, \cdots, i_{n-1}, j$（ただし $i_k \neq i, j$, $P_{ii_1} P_{i_1,i_2} \cdots P_{i_{n-1},j} > 0$）が存在する。状態数が $N+1$ より，$i_1, \cdots, i_{n-1}$ ($n-1 \geqq N$) の中に同じ状態 i_a, i_b ($a < b$) が存在するはずである。しかし，そうならば，$i, i_1, \cdots, i_a, i_{b+1}, \cdots, i_{n-1}, j$ の状態列により i から j に到達可能となり，n が最小であることに反する。

定理 2.7(a), 2.8(b) よりつぎの結果がただちにいえる。

定理 2.10　既約な有限マルコフ連鎖は唯一の定常確率が存在する。特に非周期的ならば極限確率と一致する。

以下，既約でない場合を考える。

k 個のクラスと一時的な集合 R に対応して，$\boldsymbol{\pi} = (\boldsymbol{\pi}_1, \cdots, \boldsymbol{\pi}_k, \boldsymbol{\pi}_R)$ と置くと，定常確率に関する方程式 $\boldsymbol{\pi} = \boldsymbol{\pi}P$ はつぎのように分解できる。

$$\begin{aligned} \boldsymbol{\pi}_1 &= \boldsymbol{\pi}_1 Q_1 + \boldsymbol{\pi}_R R_1 \\ \vdots \quad &\quad \vdots \\ \boldsymbol{\pi}_k &= \boldsymbol{\pi}_k Q_k + \boldsymbol{\pi}_R R_k \\ \boldsymbol{\pi}_R &= \boldsymbol{\pi}_R S \end{aligned}$$

一時的な状態の性質から $\lim_{n\to\infty} S^n = O$ となる。ここで O はすべての要素が 0 である零行列である。$(I-S)\sum_{i=0}^{n} S^i = I - S^{n+1}$ であるので，$n \to \infty$ とすることで $(I-S)\sum_{i=0}^{\infty} S^i = I$ となり，$I-S$ は逆行列を持つ。したがって，上記最後の式より，$\boldsymbol{\pi}_R = \mathbf{0}$ となる。ここで $\mathbf{0}$ は要素 0 から成る横ベクトルである。

$k=1$ のとき，閉じたクラスを改めて状態空間とみなすことにより，$\boldsymbol{\pi}_1 = \boldsymbol{\pi}_1 Q_1$，$\boldsymbol{\pi}_1 \boldsymbol{e}_1 = 1$ となる $\boldsymbol{\pi}_1$ は唯一求められる。ここで $\boldsymbol{e}_i$ は，i 番目のクラス C_i の状態数を次元として要素がすべて 1 の縦ベクトルである。閉じたクラスが非周期的ならば，この確率は極限確率と一致する。

以下 $k \geqq 2$ とする。

$$\boldsymbol{\pi}_l = \boldsymbol{\pi}_l Q_l,\ \boldsymbol{\pi}_l \boldsymbol{e}_l = a_l,\ l = 1, 2, \cdots, k, \quad \sum_{l=1}^{k} a_l = 1$$

と置く。ただし $a_l > 0 (l = 1, 2, \cdots, k)$ である。これらの式の解は定常確率に関する式

$$\boldsymbol{\pi} = \boldsymbol{\pi}P, \quad \boldsymbol{\pi}\boldsymbol{e} = 1$$

を満たしている。

C_l は閉じたクラスであるので，C_l を閉じた状態空間と見ると，Q_l はクラス C_l 上の推移確率行列であり，また既約とみなすことができる。したがって，a_l が与えられたとき

$$\boldsymbol{\pi}_l \boldsymbol{e}_l = a_l,\ \boldsymbol{\pi}_l = \boldsymbol{\pi}_l Q_l$$

は唯一解を持つ。$\sum_{l=1}^{k} a_l = 1$ の下で a_l の値が変化しても元の定常確率の方程式を満たすので，定常確率は唯一ではない。

C_l が非周期的なとき，初期状態が C_l に属するならば，$a_l = 1, a_m = 0 (m \neq l)$ とすることにより求まる $\boldsymbol{\pi}$ が極限確率となる。

以下，定常確率の計算法について述べる。

閉じたクラスが一つである場合について，$\boldsymbol{\pi} = \boldsymbol{\pi} P$，$\boldsymbol{\pi}\boldsymbol{e} = 1$ の解を求める際，$\boldsymbol{\pi} = \boldsymbol{\pi} P$ の $N+1$ 個の方程式のうち一つの式は，他の N 個から求められることに注意する。

$S = \{0, 1\}$, $P_{00} = 0.4$, $P_{01} = 0.6$, $P_{10} = 0.7$, $P_{11} = 0.3$ で与えられる例を考える。このとき $\boldsymbol{\pi} = \boldsymbol{\pi} P$ から $\pi_0 = 0.4\pi_0 + 0.7\pi_1, \pi_1 = 0.6\pi_0 + 0.3\pi_1$ を得るが，第 2 式を変形すれば容易に第 1 式を得る。これは推移確率行列の行和がすべて 1 であること（すなわち，$I - P$ の各行について要素の和はすべて 0 となり，$I - P$ は逆行列を持たない）ことによる。

$\boldsymbol{\pi} = \boldsymbol{\pi} P$ を通常の連立 1 次方程式の形 $Ax = b$ の形で表現すると $(I-P)^t \boldsymbol{\pi}^t = \boldsymbol{0}$ となる。定常確率を求めるには，一つの式を $\boldsymbol{e}^t \boldsymbol{\pi}^t = 1$ に置き換えて求める。その結果，唯一解として解が求められれば，閉じたクラスは一つのみとなり，その確率が定常確率となる。

そうでなければ，複数のクラスを持ち，定常確率は一つに定まらない。閉じたクラスに分割し，初期状態がクラス C_l に属するときは，そのクラスに関する連立 1 次方程式（$a_l = 1, a_m = 0 (m \neq l)$ とする）として定常確率を求めることにより，（非周期のときは）初期状態が C_l に属するとき，極限確率を求めることができる。一方，初期状態が一時的な状態であるときは，各クラスに訪れる確率を求

める必要がある。

例 2.5　　$S=\{0,1,2,3,4,5\}$ とし，以下の推移確率行列で与えられるとする。

$$P=\begin{pmatrix} 0.1 & 0.9 & & & & \\ 0.7 & 0.3 & & & & \\ & & 0.5 & 0.5 & & \\ & & 0.3 & 0.7 & & \\ 0.2 & & 0.4 & & 0.3 & 0.1 \\ & 0.1 & & & & 0.9 \end{pmatrix}$$

状態は四つのクラス $\{0,1\},\{2,3\},\{4\},\{5\}$ に分類される。$\{0,1\},\{2,3\}$ はそれぞれ閉じた正再帰的なクラスであり，$\{4\},\{5\}$ は一時的なクラスである（**図 2.9** 参照）。二つの閉じたクラスがあるため，定常確率は一意には定まらない。

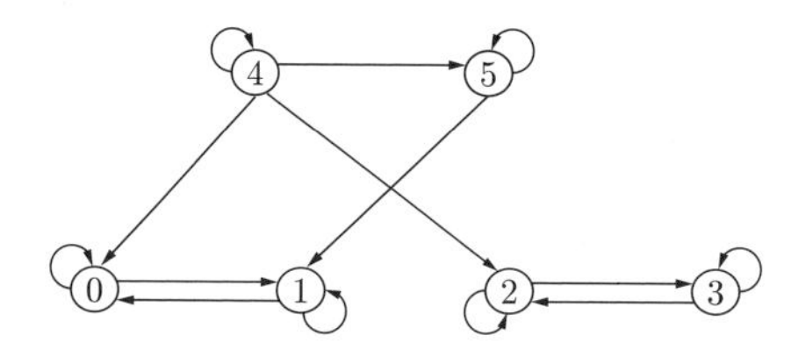

図 2.9　複数のクラスを持つ有限マルコフ連鎖の例

極限確率は初期状態に依存する。

初期状態が 0 または 1 のとき，閉じたクラス $\{0,1\}$ 内の状態を動く。このため，状態空間を $\{0,1\}$ とした既約なマルコフ連鎖とみなすことができ，非周期であることからそのときの定常確率が極限確率と一致する。実際，つぎの連立 1 次方程式

$$\pi_0=0.1\pi_0+0.7\pi_1,\quad \pi_1=0.9\pi_0+0.3\pi_1,\quad \pi_0+\pi_1=1$$

を解くことにより，$\pi_0=7/16,\ \pi_1=9/16$ となる。極限確率も一致し，も

ちろん状態 2, 3, 4, 5 に関する極限確率は 0 である，なお，連立 1 次方程式の最初の二つの式は同じになることに注意しよう。

初期状態が 2 または 3 のときも同様に求められる ($\pi_2 = 3/8, \pi_3 = 5/8$)。

初期状態が 4 のときはどうであろうか。このときは，過程が状態集合 $\{0,1\}$ のクラスに入るか，状態集合 $\{2,3\}$ のクラスになるかのどちらかである。初期状態 4, 5 からクラス $\{0,1\}$ に入る確率は，状態 1 に到達する確率 f_{41}^*, f_{51}^* と同じである。クラス分けから以下の式が成り立つことに注意する。

$$f_{01}^* = f_{11}^* = 1, \quad f_{21}^* = f_{31}^* = 0, \quad f_{40}^* = f_{41}^*, \quad f_{50}^* = f_{51}^*$$

したがって式 (2.16) を用いれば

$$f_{41}^* = 0.2 \cdot 1 + 0.4 \cdot 0 + 0.3 \cdot f_{41}^* + 0.1 \cdot f_{51}^*, \quad f_{51}^* = 0.1 + 0.9 \cdot f_{51}^*$$

を得る。これより $f_{41}^* = 3/7$, $f_{51}^* = 1$ となる。二つの閉じたクラスが存在するので，$f_{42}^* = f_{43}^* = 1 - f_{41}^*$ であることに注意する。

これより，初期状態が 4 のときの極限確率を $P_{4i}^{\infty} (i = 0, 1, 2, 3, 4, 5)$ とするとき，定理 2.6 より

$$P_{40}^{\infty} = 3/7 \cdot 7/16 = 3/16, \ P_{41}^{\infty} = 3/7 \cdot 9/16 = 27/112$$

$$P_{42}^{\infty} = 4/7 \cdot 3/8 = 3/14, \ P_{43}^{\infty} = 4/7 \cdot 5/8 = 5/14, \ P_{44}^{\infty} = P_{45}^{\infty} = 0$$

となる。

2.7 再 生 過 程

機械を稼働して製品を常時生産する場合を考える。機械に不具合が起きると，新しい機械に取り替える。機械を取り替えてから，再度機械が故障するまでの時間間隔は機械の寿命と考えられる。この寿命がある確率分布に従うとする。

この不具合の発生のように，ある出来事が発生していく連続時間上の過程を考える。この出来事を**事象**（event）と呼ぶ。機械故障の場合は，新しい機械に取り替えることから，取替えの時間間隔は，互いに独立で同一の確率分布に従うと考えることが妥当である。この節では，このような**確率過程**（stochastic process）を考える。事象の生起時，またその間に収入や費用が生じる場合はつぎの節で論じる。

X_n を $n-1$ 番目と n 番目に起きる事象の生起間隔とする。ここで，$X_1, X_2, \cdots$ は非負の実数値をとる互いに独立な確率変数の列とする。これらの確率変数は同一の分布関数 $F(x) = P(X_n \leqq x)$ $(x \geqq 0)$ に従うとし，その期待値を $m = E[X_n]$, 分散を $\sigma^2 = Var[X_n]$ とする。以下では，議論を簡単にするため $F(0) = 0$ とする。

S_n を n 番目の事象の生起時刻とする。時刻 0 から過程を観測するとし，$S_0 = 0$ とする。このとき，つぎの式が成り立つ。

$$S_n = \sum_{i=1}^{n} X_i, \quad n = 1, 2, \cdots \tag{2.22}$$

さらに，$N(t)$ $(t \geqq 0)$ を時刻 t における事象の生起回数とする。$N(t) \geqq n$ であるならば，時刻 t までに少なくとも n 回事象が生起しており，このことは n 回目の事象の生起が時刻 t 以前となるため，$S_n \leqq t$ となる。逆に $S_n \leqq t$ であるなら，t までに少なくとも n 回事象が生起していることから明らかに $N(t) \geqq n$ である。すなわち，$N(t) \geqq n$ であることと，$S_n \leqq t$ であることは同値である。

$$\{N(t) \geqq n\} \Leftrightarrow \{S_n \leqq t\} \tag{2.23}$$

このことから，$N(t)$ は S_n を用いてつぎの式で表現される。

$$N(t) = \max\{n; S_n \leqq t\}, \quad t \geqq 0$$

確率過程 $\{N(t); t \geqq 0\}$ を**再生過程**（renewal process）と呼ぶ。式 (2.23) より

$$\begin{aligned} P(N(t) = n) &= P(N(t) \geqq n) - P(N(t) \geqq n+1) \\ &= P(S_n \leqq t) - P(S_{n+1} \leqq t) \end{aligned} \tag{2.24}$$

が成り立つ。式 (2.22) より，式 (2.11) を用いると $F_n(t) = P(S_n \leqq t)$ はつぎの式を満たす。

$$\left.\begin{aligned} F_1(t) &= F(t), \quad t \geqq 0 \\ F_n(t) &= \int_0^t F_{n-1}(t-u)dF(u), \quad t \geqq 0,\ n \geqq 2 \end{aligned}\right\} \tag{2.25}$$

すなわち，S_n は分布 $F(t)$ の n 次の畳込み（convolution）$F_n(t)$ に従う。

したがって，$N(t)$ の期待値 $m(t) = E[N(t)]$ は式 (2.24) より

$$m(t) = \sum_{n=1}^{\infty} n(F_n(t) - F_{n+1}(t)) = \sum_{n=1}^{\infty} F_n(t)$$

となる。さらに，つぎの結果を得る（Ross[26] p.107 定理 3.3.4）。

$$\lim_{t\to\infty} \frac{m(t)}{t} = \frac{1}{E[X_n]} = \frac{1}{m} \tag{2.26}$$

単位時間当りの事象の生起回数は平均生起間隔の逆数を意味し，そのことは容易に想像できるであろう。

再生過程のうち，再生間隔 X_i が平均 $1/\lambda$ の指数分布に従うとき，率 λ の**ポアソン過程**（Poisson process）という。ポアソン過程は，不特定多数の人がある施設に到着する過程としてみなすことができるため広く用いられている。

なお，最初の事象の発生までの時間 X_1 のみ，他の再生間隔 $X_2, X_3, \cdots$ と従う分布が異なる例も多い。この過程を**遅延再生過程**（delayed renewal process）と呼ぶ。例えば，X_i を i 番目の製品の生産時間とするとき，生産の立上りのときは生産設備の準備と安定化のために最初の生産にかかる時間が 2 個目以降の生産よりも長くかかるといった場合である。このような場合，$E[X_1] < \infty$ であれば，$X_2, X_3, \cdots$ が期待値 $m = E[X_n]$ を持つ同一の分布に従うとき，式 (2.26) の結果が成り立つ。

2.8 再生報酬過程

再生過程 $\{N(t), t \geqq 0\}$ において，n 回目の再生時点で利益 R_n を得るとす

る。$\{R_n, n = 1, 2, \cdots\}$ は互いに独立で同一の分布に従い，$r = E[R_n]$ と置く。ただし，R_n は再生間隔 X_n の値には依存してもよいとしよう。$\{X_n\}$ は互いに独立で同一の分布に従うので，この R_n と X_n の依存性があっても R_n 間の独立性を保つことは可能である。言い換えると，組 (X_n, R_n) と (X_m, R_m) は $m \neq n$ のとき互いに独立で，同一の結合分布に従うとする。この確率過程 $\{(X_n, R_n); n = 1, 2, \cdots\}$ を**再生報酬過程**（renewal reward process）と呼ぶ。$R(t)$ を

$$R(t) = \sum_{n=1}^{N(t)} R_n$$

と置く。このとき $-\infty < r = E[R_n] < \infty, 0 < m = E[X_n] < \infty$ であるならば，つぎの結果が成り立つ。直感的にも成り立つと予想できるが，理論的な証明が必要である（Ross[26] p.133 定理 3.6.1）。

・確率 1 で $\displaystyle\lim_{t\to\infty} \frac{R(t)}{t} = \frac{r}{m}$ が成り立つ。

・$\displaystyle\lim_{t\to\infty} \frac{E[R(t)]}{t} = \frac{r}{m}$ が成り立つ。

再生過程や再生報酬過程は，一般に連続時間上で定義されていることに注意する。

2.9 マルコフ報酬過程

離散時間マルコフ連鎖 $\{X_0, X_1, X_2, \cdots | X_n \in S = \{0, 1, 2, \cdots\}\}$ を考える。時刻 n において状態が $X_n = s$ であるとき，時刻には依存しない状態のみで定まる利得 $r(s)$ を受け取るとしよう。この利得を含めた確率過程を**マルコフ報酬過程**（Markov reward process）と呼ぶ。このときの単位時間当りに受け取る利得（平均利得）を考えよう。

例えば状態 0 を初期状態とする。また，マルコフ連鎖の状態集合 S が一時的な状態の集合 R と唯一の正再帰的なクラス C のみから成り立つとしよう。マルコフ連鎖の性質から，唯一の定常確率 $\{\pi_s; s \in S\}$ を持ち，非周期的であれ

ば極限確率と一致する。また，周期を持っていても，長期間で見たときに状態が $s \in S$ になる時間割合は式 (2.20) より定常分布の値 π_s と一致する。このことから，長時間で見たときに受け取る平均利得 $\bar{R}$ は定常確率を用いて

$$\bar{R} = \lim_{n \to \infty} \frac{1}{n+1} E[\sum_{i=0}^{n} r(X_i) | X_0 = 0] = \sum_{s \in S} \pi_s r(s) \tag{2.27}$$

となる。

マルコフ連鎖が複数（N 個）の閉じた正再帰的なクラスを持つとする。初期状態によりどのクラスに移動するかは異なる。初期状態がある正再帰的なクラスに属していれば，そのクラスを状態空間としたマルコフ連鎖と捉えることができるため，そのマルコフ連鎖の定常確率を用いて平均利得を計算することができる。

初期状態 s が一時的な状態であり，一時的な状態は有限個であるとする。このとき，いずれかの閉じた正再帰的なクラスに入ることになる。クラス C_i に関する平均利得を $\bar{R}_i$ $(i = 1, 2, \cdots, N)$ とし，状態 s からクラス C_i に到達する確率を $\tilde{f}^*_{si}$ とすると，平均利得は $\sum_{i=1}^{N} \tilde{f}^*_{si} \bar{R}_i$ となる。$\tilde{f}^*_{si}$ を求めるには，クラス C_i に属するある状態 s_i を用いて，2.3 節に示した式 (2.16) により状態 s から s_i への到達確率 f^*_{s,s_i} を求めてその値を $\tilde{f}^*_{si}$ とすればよい（同じクラスに属する状態間は互いに到達可能であることから，クラス C_i に属する任意の状態 s' に対し $f^*_{s,s'} = \tilde{f}^*_{si}$ となる）。

なお，マルコフ報酬過程は，5 章で述べる平均利得規範マルコフ決定過程において決定政策が与えられたときの報酬過程に対応する。

2.10　セミマルコフ過程

これまで示したマルコフ連鎖は，時刻 0, 1, 2 と離散時刻上で推移するとしていた。すなわち，推移時間間隔はつねに一定である。一方，実際の問題においては連続時間（実数値をとる時間）上で状態が変化し，推移の発生時間間隔が

異なることも多い。そのような連続時間上の確率過程の中で，推移時点を取り上げることでマルコフ連鎖を形成する場合がある。この節ではその場合を取り扱う。

連続時間上で，状態が離散値をとる確率過程を $\{X(t); t \geqq 0, X(t) \in S\}$ とする。ここでは $X(t)$ は時刻 t における状態を表し，状態空間はこれまで同様非負整数空間 $\mathcal{Z}^+$ とする。この過程について，つぎの状態への推移が起きたとき，その推移先が現在の状態に推移してからの時間間隔と現在の状態のみに依存する場合を考える。この確率過程について，以下の情報が与えられているとする。

・$Q_{ij}(t)$：状態 $i \in S$ に推移後，つぎの推移先が $j \in S (j \neq i)$ であり，その推移が起こるまでの時間が t 以下である確率である。

・$P_{ij} = Q_{ij}(\infty)$：状態 $i \in S$ に推移後，つぎの推移先が $j \in S$ となる確率である。

$P_{ij} > 0$ のとき，記号 $F_{ij}(t)$ をつぎの式で定義する。

・$F_{ij}(t) = Q_{ij}(t)/P_{ij}$：状態 $i \in S$ から状態 $j \in S$ に推移するという条件の下で，推移が起こるまでの時間が t 以下である条件付き確率である。

$P_{ij} = 0$ のときは $F_{ij}(t) = 0$ とする。

この確率過程において，$n (\geqq 1)$ 回目の推移が発生した時刻を T_n，$n-1$ 回目と n 回目の推移時間間隔を $\tau_n = T_n - T_{n-1}$ とする（ただし $T_0 = 0$ とする)。$Z_0 = X(0)$ とし，$n \geqq 1$ のとき n 回目の推移直後の状態を $Z_n = X(T_n+)$ とする。このとき

$$P(Z_{n+1} = j | Z_n = i) = P_{ij}, \quad i, j \in S$$

が成り立つ。すなわち，確率変数列 $\{Z_n; n = 0, 1, 2, \cdots\}$ は離散時間マルコフ連鎖を形成する。このマルコフ連鎖を，確率過程 $\{X(t); t \geqq 0\}$ に関する**埋め込まれたマルコフ連鎖**（embedded Markov chain）と呼ぶ。

時刻 t までに状態 $i \in S$ への推移が起きた回数を $N_i(t)$ とし，$N(t) = \sum_{i \in S} N_i(t)$ と置く。$N(t)$ は時刻 t までに起きた状態推移の回数である。このとき

$$X(t) = Z_{N(t)}, \quad t \geqq 0$$

となる。確率過程 $\{X(t); t \geqq 0\}$ を**セミマルコフ過程** (semi-Markov process) という。

セミマルコフ過程において，つぎの記号を定義する。

$$H_i(t) = \sum_{j \in S} Q_{ij}(t) = \sum_{j \in S} P_{ij} F_{ij}(t), \quad i \in S,\ t \geqq 0$$

$H_i(t)$ は，状態 i に推移してからつぎの推移が起こるまでの状態 i にとどまる時間に関する分布関数である。すなわち

$$H_i(t) = P(\tau_n \leqq t | Z_n = i)$$

である。

このとき，セミマルコフ過程はつぎのような確率過程 $\{X(t); t \geqq 0\}$ であると考えることができる。

・状態 $i \in S$ に推移後，状態 i にとどまる時間 τ は確率分布 $H_i(t)$ に従う。

・n 番目の推移直後の状態 $Z_n = X(T_n+) = i$ に $\tau_{n+1} = t$ 時間とどまったとき

$$\begin{aligned} &P(Z_{n+1} = j | Z_n = i,\ t < \tau_{n+1} < t + dt) \\ &\qquad = \frac{P(t < \tau_{n+1} < t + dt, Z_{n+1} = j | Z_n = i)}{P(t < \tau_{n+1} < t + dt | Z_n = i)} \end{aligned}$$

となることから，$dt \to 0$ とすることで，つぎの状態が $X(T_{n+1}+) = j \in S$ である推移確率は $\dfrac{\dfrac{d}{dt} P_{ij} F_{ij}(t)}{\dfrac{d}{dt} H_i(t)}$ で与えられる。

6 章で述べるセミマルコフ決定過程は，このセミマルコフ過程と推移期間間隔に受け取る利得を用いて定式化される。

2.11 連続時間マルコフ連鎖

セミマルコフ連鎖の特別な場合が，以下で定義される連続時間マルコフ連鎖である。

定義 2.11　状態空間 S が高々可算無限である連続時間上の確率過程 $\{X(t);\ X(t) \in S,\ t \geqq 0\}$ は，つぎの式を満たすとき，**連続時間マルコフ連鎖**（continuous time Markov chain, CTMC）と呼ぶ。

任意の $t, u > 0$, 任意の状態 $i, j \in S$ に対し

$$\begin{aligned} &P(X(t+u) = j | \{X(s),\ 0 \leqq s \leqq t\},\ X(t) = i) \\ &\qquad = P(X(t+u) = j | X(t) = i) \end{aligned} \tag{2.28}$$

が成り立つ。ここで，$\{X(s),\ 0 \leqq s \leqq t\}$ は，時刻 t までの状態の変化（履歴）を表す。

この性質は，確率過程 $\{X(t); X(t) \in S,\ t \geqq 0\}$ が連続時間上のマルコフ性を満たしていることを示している。

斉時性（すなわち，式 (2.28) の右辺が t に依存しない）を仮定し

$$P_{ij}(t) = P(X(t) = j | X(0) = i)$$

と置くと，マルコフ性よりつぎの Chapman-Kolmogorov 方程式を得る。

$$\begin{aligned} &P_{ij}(t+u) \\ &\quad = P(X(t+u) = j | X(0) = i) \\ &\quad = \sum_{k \in S} P(X(t) = k | X(0) = i) P(X(t+u) = j | X(0) = i, X(t) = k) \\ &\quad = \sum_{k \in S} P_{ik}(t) P_{kj}(u) \end{aligned}$$

以下では，確率過程 $\{X(t); t \geqq 0\}$ について

$$\lim_{t \to 0} P_{ii}(t) = 1, \quad \lim_{t \to 0} P_{ij}(t) = 0\ (i \neq j) \tag{2.29}$$

が成り立つとする。

状態 i における滞在時間を τ_i とするとき

$$r_i(t) = P(\tau_i > t|X(0) = i) = P(X(v) = i,\ 0 \leqq v \leqq t|X(0) = i)$$

と置くと，マルコフ性と斉時性よりすべての $t, u > 0$ について

$$\begin{aligned} r_i(t+u) &= P(X(v) = i,\ 0 \leqq v \leqq t+u|X(0) = i) \\ &= P(X(v) = i,\ 0 \leqq v \leqq t|X(0) = i) \\ &\quad \cdot P(X(v) = i,\ t < v \leqq t+u|X(0) = i,\ X(v) = i, 0 \leqq v \leqq t) \\ &= r_i(t) r_i(u) \end{aligned}$$

が成り立つ。

ここでつぎの補題を用いる。

補題 2.3　$f(t)$ が $[0, \infty)$ 上で実数値をとる非増加連続関数であり，かつ $f(t+u) = f(t)f(u)$ がすべての $t, u \geqq 0$ について成り立つならば，$f(t) = 0$ $(\forall t \geqq 0)$ であるか，あるいはある $\lambda \geqq 0$ が存在して $f(t) = e^{-\lambda t}$ が成り立つ。

【証明】　$f(0) = f(0)^2$ より $f(0) = 0$ または 1 である。
$f(0) = 0$ のとき，$f(t) = f(t)f(0)$ よりすべての $t \geqq 0$ について $f(t) = 0$ である。
$f(0) = 1$ とする。有理数 $t > 0$ について $t = n/m$（n, m は正の整数）とすると $f(t) = (f(1/m))^n$ となる。m を十分大きくすると，$f(0) = 1$ と連続性より $f(1/m) > 0$ となり $f(t) > 0$ となる。このことから実数 $t > 0$ についても連続性より $f(t) > 0$ となる。$g(t) = \log f(t)$ とすると，$g(t+u) = g(t) + g(u)$ となり，$g(t)$ の線形性よりある定数 h を用いて $g(t) = ht$ と置ける。したがって $f(t) = e^{ht}$ となり，非増加性より $\lambda = -h$ と置いて $f(t) = e^{-\lambda t}$ $(\lambda \geqq 0)$ を得る。

ここでは，式 (2.29) の仮定から，$r_i(0) = 1$ が成り立つ。したがって，各 $i \in S$ についてある非負の値 q_i が存在して，$r_i(t) = e^{-q_i t}$ が成り立つ。よって，$q_i > 0$ のとき，τ_i は状態 i に依存したパラメータを持つ指数分布に従う。

$q_i = 0$ のとき，すべての t について $r_i(t) = P(\tau_i > t|X(0) = i) = 1$ となる。すなわち，一度状態が i となるとつねに i にとどまる（**吸収状態**となる）。

2.11.1　極限確率と定常確率

任意の $i, j \in S$ に対し

$$a_{ii} = \lim_{t \downarrow 0} \frac{1}{t}(P_{ii}(t) - 1), \quad a_{ij} = \lim_{t \downarrow 0} \frac{1}{t} P_{ij}(t) \quad (j \neq i)$$

と置くと

$$a_{ii} \leqq 0,\ a_{ij} \geqq 0,\ \sum_{j \in S} a_{ij} = 0$$

特に $a_{ii} = -\sum_{j \neq i} a_{ij}$ となる。行列 $A = (a_{ij})$ を $P(t) = (P_{ij}(t))$ の**無限小生成作用素**（infinitesimal generator）または**推移率行列**（transition rate matrix）と呼ぶ。行列 A において，各行の要素の和は 0 となる。

$\{X(t); t \geqq 0\}$ は式 (2.29) を満たし $q_i < \infty$ とする。$X(0) = i$ のとき，$X(t) = i$ となる場合は t 期間に状態推移が起きないか，t 期間に 2 回以上の状態推移をして i になるかのどちらかである。後者の確率は t と比較して十分小さく，$o(t)$ を $\lim_{t \to 0} \frac{o(t)}{t} = 0$ を満たす t の関数とすると

$$P_{ii}(t) = P(\tau_i > t | X(0) = i) + o(t)$$

となる（指数分布の性質より求められる）。これより

$$\begin{aligned} -a_{ii} &= \lim_{t \downarrow 0} \frac{1}{t}(1 - P_{ii}(t)) \\ &= \lim_{t \downarrow 0} \frac{1}{t}(1 - P(\tau_i > t | X(0) = i) - o(t)) \\ &= \lim_{t \downarrow 0} \frac{1}{t}(1 - e^{-q_i t}) = q_i \end{aligned}$$

したがって $a_{ii} = -q_i$ である。$j \neq i$ のとき

$$\begin{aligned} &\lim_{h \downarrow 0} \frac{1}{h}(P_{ij}(t+h) - P_{ij}(t)) \\ &\quad = \lim_{h \downarrow 0} \frac{1}{h}\left(\sum_{k \in S} P_{ik}(t) P_{kj}(h) - P_{ij}(t)\right) \end{aligned}$$

$$= \lim_{h \downarrow 0} \frac{1}{h} \left(\sum_{k \neq j} P_{ik}(t) P_{kj}(h) - P_{ij}(t)(1 - P_{jj}(h)) \right)$$

$$= \sum_{k \neq j} P_{ik}(t) a_{kj} + P_{ij}(t) a_{jj}$$

よって

$$\frac{d}{dt} P_{ij}(t) = \sum_{k \in S} P_{ik}(t) a_{kj} \tag{2.30}$$

あるいは，$P_{ij}(t)$ を i 行 j 列要素とする行列 $P(t)$ を用いて

$$\frac{d}{dt} P(t) = P(t) A$$

を得る。これを（Kolmogorov の）**前進方程式**（forward equation）と呼ぶ。

$$P_{ij}(t) = \sum_{k \in S} P_{ik}(h) P_{kj}(t-h)$$

として同様の議論を行うことにより

$$\frac{d}{dt} P_{ij}(t) = \sum_{k \in S} a_{ik} P_{kj}(t)$$

あるいは

$$\frac{d}{dt} P(t) = A P(t)$$

これを**後退方程式**（backward equation）と呼ぶ。

定義 2.12 任意の初期分布に対して，すべての $i \in S$ について $P_i = \lim_{t \to \infty} P(X(t) = i)$ となるとき，$\{P_i; i \in S\}$ を**極限確率**（limiting probability）と呼ぶ。

$\frac{d}{dt} P(X(t) = j | X(0) = i) = 0$ と置くと，前進方程式 (2.30) より

$$0 = \sum_{k \in S} P_k a_{kj}, \quad \forall j \in S$$

を得る。この式に対応させて，定常確率をつぎの式で定義する。

定義 2.13　　確率ベクトル $\boldsymbol{\pi} = (\pi_0, \pi_1, \cdots)$ が

$$\boldsymbol{\pi} A = 0 \quad \left(\sum_{i \in S} \pi_i a_{ij} = 0, \quad \forall j \in S\right), \quad \boldsymbol{\pi e} = 1$$

を満たすとき，**定常確率**（stationary probability）と呼ぶ。

したがって，極限確率 $\{P_i; i \in S\}$ が存在して $\sum_{k \in S} P_k = 1$ を満たせば，それは定常確率となっている。

$r_i(t) = P(\tau_i > t | X(0) = i) = e^{-q_i t}$ とする。ある状態から別の状態に推移するとき，マルコフ性より，推移前の履歴には依存せず，推移直前の状態のみに依存して推移先が決まることから，$P_{ij} = P(X(t) = j | X(t) \neq X(t-) = i)$ と置く。$P_{ii} = 0$ に注意する。

$j \neq i$ のとき

$$\begin{aligned}
P_{ij}(h) &= P(X(h) = j | X(0) = i) \\
&= P(X(h) = j, \tau_i > h | X(0) = i) + P(X(h) = j, \tau_i \leqq h | X(0) = i) \\
&= P(X(h) = j, \tau_i \leqq h | X(0) = i) \\
&= \int_0^h P(X(h) = j | X(0) = i, \tau_i = u) dP(\tau_i \leqq u | X(0) = i) \\
&= \int_0^h \sum_{k \neq i} P(X(u) = k | X(0) = i, \tau_i = u) P(X(h) = j | X(0) = i, \\
&\qquad \tau_i = u, X(u) = k) \cdot q_i e^{-q_i u} du
\end{aligned}$$

であり，連続時間マルコフ連鎖の仮定から

$$\begin{aligned}
P_{ij}(h) &= \int_0^h \sum_{k \neq i} P_{ik} P_{kj}(h-u) q_i e^{-q_i u} du \\
&= \sum_{k \neq i} P_{ik} \int_0^h P_{kj}(v) q_i e^{-q_i (h-v)} dv
\end{aligned}$$

$$= \sum_{k \neq i} P_{ik} q_i e^{-q_i h} \int_0^h P_{kj}(v) e^{q_i v} dv$$

となる。ここでロピタルの定理を用いれば

$$\lim_{h \downarrow 0} \frac{1}{h} e^{-q_i h} \int_0^h P_{kj}(v) e^{q_i v} dv = \lim_{h \downarrow 0} \frac{1}{h e^{q_i h}} \int_0^h P_{kj}(v) e^{q_i v} dv$$
$$= \lim_{h \downarrow 0} \frac{P_{kj}(h) e^{q_i h}}{e^{q_i h} + h q_i e^{q_i h}} = \begin{cases} 1, & k = j \\ 0, & k \neq j \end{cases}$$

を得る。したがって

$$a_{ij} = P_{ij} q_i, \quad j \neq i$$

となる。すなわち，a_{ij} は，状態 i にとどまる時間が従う指数分布のパラメータ q_i と，推移時に i から j へ推移する確率 P_{ij} の積となる。

この q_i と P_{ij} について考える。互いに独立な複数の指数分布に従う確率変数が存在し，それぞれが何らかの事象を引き起こすとしよう。例えば注文を受けてから順次製品を生産する受注生産において，つぎの注文が発生するまでの時間，また1個製品が完成するまでの時間がそれぞれパラメータ λ, μ を持つ指数分布に従うとする。この場合，注文が先に来れば注文待ち（受注残）が一つ増え，完成すれば受注残が一つ減る。このとき，2.2節の補題2.2を用いると，どちらかが発生するまでの時間はパラメータ $\lambda + \mu$ の指数分布に従い，その事象発生が注文による確率は $\dfrac{\lambda}{\lambda + \mu}$，製品完成による確率は $\dfrac{\mu}{\lambda + \mu}$ となる。受注残数を状態 i とみなすと，$i \geqq 1$ ならば q_i は $\lambda + \mu$, $P_{i,i+1} = \lambda/(\lambda + \mu)$, $P_{i,i-1} = \mu/(\lambda + \mu)$ となる。$i = 0$ ならば生産がないので $q_0 = \lambda, P_{01} = 1$ となる。

推移が起きた時刻の列 $T_1, T_2, \cdots$ とすると，$Z_n = X(T_n+)$ は推移確率行列 $P = (P_{ij})$ を持つ埋め込まれたマルコフ連鎖を形成する。推移時間までの間隔 $\hat{\tau}_n = T_n - T_{n-1}$ の分布は

$$P(\hat{\tau}_n \leqq u | X(T_{n-1}+) = i) = 1 - e^{-q_i u}$$

となる。

2.11.2 一　様　化

推移時間間隔に関する指数分布のパラメータ q_i と推移確率 P_{ij} を持つ連続時間マルコフ連鎖 $\{X(t); t \geqq 0\}$ は，以下の推移時間間隔のパラメータが状態に依存しない連続時間マルコフ連鎖と等価であることがわかる。この議論は 6.5 節の連続時間マルコフ決定過程の**一様化**（uniformization）の議論につながる (Lippman[19), Serfozo[31))。

ある有限の定数 v が $q_i \leqq v (i \in S)$ を満たすとする。つぎの推移確率を定義する。

$$\hat{P}_{ij} = \begin{cases} \dfrac{q_i}{v} P_{ij}, & j \neq i \\ 1 - \dfrac{q_i}{v}, & j = i \end{cases}$$

また，推移間隔のパラメータはすべての状態 i について $\hat{q}_i = v$ とする。$j \neq i$ のとき $\hat{q}_i \hat{P}_{ij} = q_i P_{ij}$ であり，$\hat{q}_i \hat{P}_{ii} = v - q_i$ である。

通常連続時間マルコフ連鎖では $P_{ii} = 0$ であるが，このマルコフ連鎖においては，正の確率で自身の状態への推移が起きることを認めている。一方で，q_i と比べて v は大きな値であるので，推移間隔は短くなっている。

$\{N(t); t \geqq 0\}$ を率 v のポアソン過程とする。また，$\{Z_n; n = 0, 1, \cdots\}$ を，$\hat{P}_{ij}$ を推移確率として持つ離散時間マルコフ連鎖を表すとする。このとき連続時間上の確率過程 $\{Y(t); t \geqq 0\}$ をつぎの式で定める。

$$Y(t) = Z_{N(t)}, \quad t \geqq 0$$

このとき，$j \neq i$ について

$$P(Y(t+\delta t) = j | Y(t) = i) = v\delta t \hat{P}_{ij} + o(\delta t) = P(X(t+\delta t) = j | X(t) = i)$$

であり

$$\begin{aligned} &P(Y(t+\delta t) = i | Y(t) = i) \\ &\quad = v\delta t \hat{P}_{ii} + (1 - v\delta t) + o(\delta t) \\ &\quad = 1 - q_i \delta t + o(\delta t) = P(X(t+\delta t) = i | X(t) = i) \end{aligned}$$

である。実際，つぎの定理が成り立つ（証明は Tijms[38] p.167 定理 4.5.2 等を参照のこと）。

定理 2.11

(a)　つぎの式が成り立つ。

$$P(X(t) = j|X(0) = i) = P(Y(t) = j|Y(0) = i), \quad t \geqq 0,\ i, j \in S$$

すなわち二つのマルコフ連鎖 $\{X(t); t \geqq 0\}$ と $\{Y(t); t \geqq 0\}$ は確率的に等価である。

(b)　$\hat{P}_{ij}^{(n)} = P(Z_n = j|Z_0 = i)$ とするとき

$$P(X(t) = j|X(0) = i) = \sum_{n=0}^{\infty} \hat{P}_{ij}^{(n)} \frac{(vt)^n}{n!} e^{-vt}$$

が成り立つ。

3 有限期間総期待利得マルコフ決定過程

本章では，有限期間における総期待利得を最大化するように各期において決定を行う問題を考える。マルコフ決定過程としての定式化と，最適政策の定義を述べ，その性質を示す。さらに，各期における最適決定を計算するアルゴリズムとして値反復法を示す。有限期間であるため，残り期間が各期の最適決定に影響を与える。

3.1 有限期間総期待利得問題

有限期間上の各期において状態を観測しながら決定を行い利益を受け取る。このとき，有限期間内の総期待利益を最大化したい。

状態空間を S，状態 s のときとり得る決定の集合を $A(s)$ とする。ここでは状態空間は高々可算無限とする。決定空間は有限であるとする。実際の最適政策の計算の際は有限状態空間であるとする。

時刻 $0, 1, \cdots, T-1$ の各時刻 t における状態と決定をそれぞれ $s_t \in S$, $a_t \in A(s_t)$，最終時刻 T における状態を s_T とする。時刻 t において状態 s_t で決定 a_t をとるとき，受け取る期待利得を $r_t(s_t, a_t)$ と置く。また，時刻 t において状態が s_t であり，決定 a_t をとるとき，時刻 $t+1$ の状態が $s_{t+1} \in S$ となる確率を $p_t(s_{t+1}|s_t, a_t)$ とする。この章で扱う有限期間総期待利得マルコフ決定過程では受け取る期待利得や推移確率は時刻 t に依存してもよいと仮定する。

意思決定者は各時刻 $t \in \{0, 1, \cdots, T-1\}$ において，それまでの状態と決定の列 $s_0, a_0, s_1, a_1, \cdots, s_{t-1}, a_{t-1}, s_t$ を基に，決定を行う。時刻 $t-1$ までの状態と

決定，ならびに s_t を並べた列 $h_t = (s_0, a_0, s_1, a_1, \cdots, s_{t-1}, a_{t-1}, s_t)$ を時刻 t における**履歴**（history）と呼ぶ。時刻 t においてとり得る履歴の集合を H_t とする。時刻 0 では履歴は状態 s_0 のみ，すなわち $h_0 = (s_0)$, $H_0 = S$ である。Π を各時刻において履歴を基に決定をする**政策**（policy）の集合であるとする。

問題は，つぎの $T+1$ 期間の期待利得を最大にするように，各時点 $t = 0, 1, \cdots, T-1$ において履歴 h_t を基に決定を行う政策 $\pi \in \Pi$ を求めることである。

$$E^{\pi}\left[\sum_{t=0}^{T-1} \gamma^t r_t(s_t, a_t) + \gamma^T K(s_T)\right]$$

ここで $E^{\pi}[\cdot]$ は政策 π の下での期待値を表す。$K(s_T)$ は時刻 T で状態 s であるときに受け取る利得（終端利得）であり，γ は時刻 1 以降において利得を得ることを時刻 0 で評価したときの**割引率**を表している。次章で述べる無限期間割引期待利得問題では $0 < \gamma < 1$ が成り立つと仮定する。$\gamma > 1$ の場合は，同じ額であるなら期間の後半に受け取る方が現在の価値として高いことを表している。$\gamma = 1$ のときは，現在と後で受け取る利益の価値は同じ金額であれば同じ価値であることを表す。以下の有限期間総期待利得問題では $\gamma = 1$ と仮定する。すなわちこの章では，政策 $\pi \in \Pi$ における**有限期間総期待利得**（expected total reward over a finite horizon）を

$$E^{\pi}\left[\sum_{t=0}^{T-1} r_t(s_t, a_t) + K(s_T)\right]$$

とする。$\gamma \neq 1$ の場合では，$\gamma^t r_t(s_t, a_t)$, $\gamma^T K(s_T)$ をあらためて $r_t(s_t, a_t)$, $K(s_T)$ と置いても有限期間問題である限りは一般性を失わない。なお，γ の値は 1 期当りの利得に影響するので，γ が政策の評価に影響を与えることに注意する。

政策空間 Π は，つぎのような確率的な決定も含む。確率的な意思決定とは，各時刻 t における履歴が $h_t \in H_t$ であるとき決定 $a_t \in A(s_t)$ をとる確率を $\pi_t(a_t|h_t)$ とする決定である。ここで $\displaystyle\sum_{a_t \in A(s_t)} \pi_t(a_t|h_t) = 1$ である。このよう

な政策は混合戦略（mixed strategy）と呼ばれることもある。したがって，Π はつぎのように表現される。

$$\Pi = \left\{ \pi_t(a|h_t), t = 0, 1, \cdots, T-1 | \sum_{a \in A(s_t)} \pi_t(a|h_t) = 1; h_t \in H_t \right\} \tag{3.1}$$

政策空間 Π は，つぎのような部分政策空間を含む。

Π_d：各時刻 t でとる決定は一つのみである。すなわち，時刻 t における決定 a_t は履歴 h_t を基に唯一定まる。

Π_m：各時刻 t でとる決定は状態 s_t のみにより定まり，s_t 以外の履歴 H_t によらない。

$\pi \in \Pi_m$ は，先に述べた確率的政策を含む。Π_m に属する政策を**マルコフ政策**（Markov policy）と呼び，Π_m をマルコフ政策空間と呼ぶ。マルコフ政策 π は，各時刻の状態 s_t のみにより決定されるため，$\pi = \{\pi_t(a|s_t), a \in A(s_t), s_t \in S\}, t = 0, 1, \cdots, T-1\}$ と表す。

Π_m かつ Π_d に属する政策から成る政策空間をつぎに定義する。

$\Pi_{m,d}$：各時刻 t でとる決定は，そのときの状態 s_t のみに依存し，ただ一つ定まり，それ以外の履歴には依存しない。

このとき，$\Pi_{m,d}$ に属する政策 π において，各時刻の決定はそのときの状態 s_t のみにより唯一決定されるため，$\pi = (\{\pi_t(s_t), s_t \in S\}, t = 0, 1, \cdots, T-1)$ と表すことができる。このような政策を**決定性マルコフ政策**（deterministic Markov policy）と呼ぶ。また $\Pi_{m,d}$ を決定性マルコフ政策空間と呼ぶ。

政策 $\pi \in \Pi$ の下で初期状態が $s \in S$ であるときの総期待利得を

$$V^\pi(s) = E^\pi \left[\sum_{t=0}^{T-1} r_t(s_t, a_t) + K(s_T) | s_0 = s \right]$$

とする。ここで $E^\pi[\cdot|s_0 = s]$ は，初期状態が $s_0 = s$ のとき，政策 π の下で得られる条件付き期待値である（以下条件が異なる場合も同様に定義する）。

さらに，状態空間上の関数 $V^*(s)$ をつぎの式で定義する。

$$V^*(s) = \sup_{\pi \in \Pi} V^\pi(s), \quad s \in S$$

この $V^*(s)$ を**最適値関数**（optimal value function，最適価値関数，最適利得関数）と呼ぶ。Π は確率的な政策を含むため連続空間上で定義される。したがって，右辺を最大にする政策 $\pi \in \Pi$ が存在するかどうかはわからない（このため sup を用いて表現している）。右辺を最大にする政策 $\pi^* \in \Pi$ が存在すれば

$$V^*(s) = V^{\pi^*}(s) = \max_{\pi \in \Pi} V^\pi(s), \quad \pi \in \Pi$$

となる。この最適政策が存在するか，すなわち右辺の最大化を達成する政策 π が存在するか，またその政策が満たす性質が何かを以下議論する。

$\pi \in \Pi$ に対し，時刻 t までの履歴 h_t が与えられたとき，政策 π の下で時刻 t から T までに受け取る総利得の条件付き期待値を

$$u_t^\pi(h_t) = E^\pi\left[\sum_{u=t}^{T-1} r_u(s_u, a_u) + K(s_T) \middle| h_t\right], \quad h_t \in H_t$$

とする。$h_0 = (s_0)$ のとき，$V^\pi(s_0) = u_0^\pi(h_0)$ となることに注意する。

$\pi \in \Pi_d$ のとき，履歴 h_t の下で決定 a_t は唯一に定まるので，$a_t = \pi_t(h_t)$ と置くことで

$$u_t^\pi(h_t) = E^\pi\left[\sum_{u=t}^{T-1} r_u(s_u, \pi_u(h_u)) + K(s_T) \middle| h_t\right], \quad h_t \in H_t$$

となる。このとき

$$u_T^\pi(h_T) = K(s_T), \ h_T = (s_0, a_0, \cdots, s_{T-1}, a_{T-1}, s_T) \in H_T$$

である。条件付き期待値を用いた期待値の計算式 (2.6) と同様にして，$t = 0, 1, \cdots, T-1$ について

$$\begin{aligned} &u_t^\pi(h_t) \\ &= r_t(s_t, \pi_t(h_t)) + E^\pi\left[\sum_{u=t+1}^{T-1} r_u(s_u, \pi_u(h_u)) + K(s_T) \middle| h_t\right] \end{aligned}$$

$$= r_t(s_t, \pi_t(h_t)) + E^\pi \left[E^\pi \left[\sum_{u=t+1}^{T-1} r_u(s_u, \pi_u(h_u)) + K(s_T) \middle| h_{t+1} \right] \middle| h_t \right]$$

$$= r_t(s_t, \pi_t(h_t)) + \sum_{s' \in S} p_t(s'|s_t, \pi_t(h_t)) u_{t+1}^\pi((h_t, \pi_t(h_t), s'))$$

が成り立つ。したがって，H_t が既知でかつ有限集合であれば，時刻 T から 0 に遡って $u_t^\pi(h_t)$ $(h_t \in H_t)$ を求めることができる。各時刻において状態数が時刻によらず K 個，決定数が各状態に対し L 個あるならば，各時刻 t における履歴 H_t の個数は最大で $K^{t+1}L^t$ 個になる。

政策を決定性マルコフ政策空間 $\Pi_{m,d}$ に限定すると，時刻 t において状態 s_t の下で決定 a_t は唯一に定まるので，$a_t = \pi_t(s_t)$ と置き，$u_t^\pi(h_t)$ を $u_t^\pi(s_t)$ と置き換えることで

$$u_t^\pi(s_t) = E^\pi \left[\sum_{u=t}^{T-1} r_u(s_u, \pi_u(s_u)) + K(s_T) \middle| s_t \right], \quad s_t \in S \tag{3.2}$$

となる。このとき

$$u_T^\pi(s_T) = K(s_T), \ s_T \in S \tag{3.3}$$

であり，$t = 0, 1, \cdots, T-1$ について

$$u_t^\pi(s_t) = r_t(s_t, \pi_t(s_t)) + \sum_{s' \in S} p_t(s'|s_t, \pi_t(s_t)) u_{t+1}^\pi(s') \tag{3.4}$$

が成り立つ。したがって，S, A が有限集合であれば，時刻 T から 0 に遡って $u_t^\pi(s_t)$ $(s_t \in S)$ を求めることができる。各時刻において状態数が K 個であるとき，$\{u_t^\pi(s_t); t = 0, 1, \cdots, T, s_t \in S\}$ の総数は K^{T+1} 個である。

3.2 最適性方程式

1.2 節の動的計画法における最適性の原理を有限期間総期待利得規範のマルコフ決定過程に適用する。

時刻 t における履歴を $h_t \in H_t$ とする。h_t が与えられたとき，$u_t^\pi(h_t)$ の上限値を

$$u_t^*(h_t) = \sup_{\pi \in \Pi} u_t^\pi(h_t)$$

とする。

$h_t \in H_t$ に関する関数 $u_t(h_t)$ がつぎの**最適性方程式**（optimality equation）を満たすとする。

$$u_t(h_t) = \max_{a \in A(s_t)} \left[r_t(s_t, a) + \sum_{s' \in S} p_t(s'|s_t, a) u_{t+1}((h_t, a, s')) \right]$$
$$h_t = (s_0, a_0, \cdots, s_t) \in H_t,\ t = 0, 1, \cdots, T-1 \qquad (3.5)$$

右辺の式を最大にする $a \in A(s_t)$ は，時期 t において履歴 $h_t = (s_0, a_0, \cdots, s_t)$ を基に決定 a をとるときに得られる期待利得 $r_t(s_t, a)$ と，時刻 $t+1$ で状態 s_{t+1} となるときに，その履歴に基づいたとき以降で得られる最大の期待利益の和を求め，この値が最大となる決定 a とすることを示している。最終期 T においては以下の式となる。

$$u_T(h_T) = K(s_T), \quad h_T = (s_0, a_0, \cdots, s_T) \in H_T \qquad (3.6)$$

式 (3.5), (3.6) より，時間を T から遡って $u_t(h_t)$ を計算できることに注意する。

このときつぎの定理が成り立つ。$u_t(h_t)$ と $u_t^*(h_t)$，$V^*(s)$ の定義からこの結果は自然であるが，証明が必要である（Puterman[24] 定理 4.3.2，定理 4.3.3 等を参照のこと）。

定理 3.1　$u_t(h_t)(h_t \in H_t, t = 0, 1, \cdots, T)$ が式 (3.5)，(3.6) を満たすとする。このとき

(a)　$u_t^*(h_t) = u_t(h_t), \quad h_t \in H_t,\ t = 0, 1, \cdots, T$

(b)　$V^*(s) = u_0(h_0), \quad h_0 = s,\ s \in S$

が成り立つ。

これより，最適性の原理を用いて，最適政策と最適性方程式を結び付けるつぎの定理を得る。

定理 3.2　$\pi^* = (\pi_0^*, \pi_1^*, \cdots, \pi_{T-1}^*) \in \Pi_d$ が $t = 0, 1, \cdots, T-1$ に対しつぎの式を満足するとする。

$$\begin{aligned} r_t(s_t, \pi_t^*(h_t)) &+ \sum_{s' \in S} p_t(s'|s_t, \pi_t^*(h_t)) u_{t+1}^*((h_t, \pi_t^*(h_t), s')) \\ &= \max_{a \in A(s_t)} \left[r_t(s_t, a) + \sum_{s' \in S} p_t(s'|s_t, a) u_{t+1}^*((h_t, a, s')) \right] \\ &\qquad h_t = (s_0, \cdots, s_t) \in H_t \end{aligned} \tag{3.7}$$

このとき

$$u_t^*(h_t) = u_t^{\pi^*}(h_t), \quad h_t \in H_t, \quad t = 0, 1, \cdots, T$$

であり，π^* は最適政策である。すなわち

$$V^*(s) = V^{\pi^*}(s), \quad s \in S$$

が成り立つ。

以上は，決定性政策空間 Π_d の中に最適政策が存在することを示している。さらに，つぎの定理が成り立つ（証明は Puterman[24] p.89 定理 4.4.2 等）。

定理 3.3　$u_t^*(h_t)$ が式 (3.5)，(3.6) の解とする。このとき

(1)　$u_t^*(h_t)$ は s_t のみに依存した値である。

(2)　各 $t = 0, 1, \cdots, T-1$ と $s_t \in S$ に対し，式 (3.7) の右辺を最大化する決定 $a_t \in A(s_t)$ が存在するならば，最適な決定性マルコフ政策 $\pi^* = (\pi_0^*, \pi_1^*, \cdots, \pi_{T-1}^*) \in \Pi_{m,d}$ が存在する。

このことから，式 (3.7) を決定性マルコフ政策に限定したつぎの式を得る。$t = 0, 1, \cdots, T-1$ に対し

$$
r_t(s_t, a_t^*) + \sum_{s' \in S} p_t(s'|s_t, a_t^*) u_{t+1}^*(s')
= \max_{a \in A(s_t)} \left[r_t(s_t, a) + \sum_{s' \in S} p_t(s'|s_t, a) u_{t+1}^*(s') \right], \quad s_t \in S \quad (3.8)
$$

$A(s)$ が有限であるので右辺は max としている。この式も最適性方程式である。

このとき，以下の定理を得る（Puterman[24] p.90 命題 4.4.3 等参照）。

定理 3.4　状態空間 S が有限か可算無限であり，決定空間 $A(s)$ がすべての s について有限であるならば，最適な決定性マルコフ政策 $\pi^* \in \Pi_{m,d}$ が存在し，π^* は式 (3.8) の右辺を最大にする決定を選ぶ。

実際には，この定理の結果は決定空間をコンパクト集合まで広げても成り立つことが示される。以上よりこの定理の条件の下では，決定性マルコフ政策のみを考えればよいので，式 (3.5), (3.6) において履歴 h_t を状態 s_t に置き換えて，最適性方程式を満たす決定を時刻 T から式 (3.5), (3.6) を用いて遡って求めていくことで最適な政策を求めることができることがわかる。この方法をつぎの節で示す。

3.3 値 反 復 法

時刻 t において状態 $s \in S$ をとるとき，時刻 T までの期待利得が最大となるように決定をとるときの総期待利得を $V_t(s)$ とする。$V_t(s)$ は，前節の $u_t(h_t)$ において，履歴 h_t を時刻 t での状態 s に置き換えたものである。この利得が最大となるには，時期 t において状態 s で決定 a をとるときに得られる期待利得 $r_t(s, a)$ と，時刻 $t+1$ において状態 s_{t+1} となったときに，それ以降の最大利得となる最適政策をとったときに得られる利得 $V_{t+1}(s_{t+1})$ の期待値 $E[V_{t+1}(s_{t+1})|(s_t, a_t) = (s, a)]$ の和を最大にするように決定 a を選べばよい。

時刻 t，状態 s において決定 $a \in A(s)$ をとったとき，時刻 $t+1$ で状態 s' と

なる確率は $p_t(s'|s,a)$ で与えられるので

$$E[V_{t+1}(s_{t+1})|(s_t,a_t)=(s,a)]=\sum_{s'\in S}p_t(s'|s,a)V_{t+1}(s')$$

となる。したがって，$V_t(s)$ に関する**最適性方程式**は

$$\left.\begin{aligned}&V_t(s)=\max_{a\in A(s)}\{r_t(s,a)+\sum_{s'\in S}p_t(s'|s,a)V_{t+1}(s')\}\\&\qquad s\in S,\ t=0,1,\cdots,T-1\end{aligned}\right\}\tag{3.9}$$

と表現される。ただし，$V_T(s)=K(s),\ s\in S$ である。

式 (3.9) より，時刻 $t=T-1$ から順に時間を遡って $t=T-2,T-3,\cdots$ と $V_t(s)$ を求めることで，$V_0(s)(=V^*(s))$ まで求めていくことができる。この方法を**値反復法**（value iteration method）という。各時刻 t において状態 s における最適決定は，式 (3.9) の右辺を最大にする決定であり，最適政策は各時刻 $t=0,1,2,\cdots,T-1$ における各状態 $s\in S$ の最適決定 $a_t^*(s)$ の組合せから成る決定性政策 $\pi^*=\{a_t^*(s);t=0,1,\cdots,T-1,s\in S\}\in\Pi_{m,d}$ となる。

有限期間問題の場合，同じ状態であっても，時刻により最適決定が異なることに注意しよう。これは残り期間を考慮しながら決定する必要があるためである。したがって，最適政策は各時刻に対してとり得る状態ごとの最適決定を定める必要がある。

計画期間 T が長いときは膨大な表が必要となる。このため，次章で述べる無限期間総割引期待利得最大化問題の最適政策を有限期間問題の近似最適政策として用いることも多い。ただし残り期間が短い時刻については，残り期間の影響が強く残りやすいため，別途適切な決定を考える必要がある。

3.4 数　値　例

例 3.1　　1.4 節の例 1.3 で取り上げた自動車買替え問題を考える。以下のとおりパラメータを設定する。

$$T = 20,\ N = 12$$

$$(b_0, b_1, \cdots, b_{12}) = (120, 100, 80, 70, 60, 50, 40, 35, 30, 25, 20, 15, 10)$$

$$(u_0, u_1, \cdots, u_{12}) = (70, 50, 41, 32, 24, 17, 11, 6, 3, 3, 3, 3, 3)$$

$$(p_0, p_1, \cdots, p_{11}) = (0.95, 0.95, 0.95, 0.95, 0.95, 0.90, 0.85, 0.80, 0.75, 0.70, 0.65, 0.55)$$

維持費用 m_s についてはつぎの 2 種類を考える。

$$\text{case A: } (m_0, m_1, \cdots, m_{12}) = (4, 6, 8, 10, 12, 14, 16, 19, 22, 26, 30, 35, 40)$$

$$\text{case B: } (m_0, m_1, \cdots, m_{12}) = (4, 6, 8, 15, 12, 22, 16, 28, 22, 38, 30, 50, 40)$$

case A は車齢とともに維持費用がかかる場合である。case B は，3, 5, 7, 9, 11 年目に車検等でより費用がかかる場合である。最終期 $T = 20$ のときは必ず売却しその決定を 1 としている。

最適性方程式はつぎのとおりとなる。

$$V_T(s) = u_s, \quad s \in S$$

$$V_t(s) = \max\Big\{r(s,1) + p_s V_{t+1}(s+1) + (1-p_s)V_{t+1}(N), \max_{a \in \{2,3,\cdots,N-1\}} \{r(s,a) + p_{a-2}V_{t+1}(a-1) + (1-p_{a-2})V_{t+1}(N)\}\Big\}$$

$$s \in \{1, 2, \cdots, N-1\}$$

$$V_t(N) = \max_{a \in \{2,3,\cdots,N-1\}} \{r(s,a) + p_{a-2}V_{t+1}(a-1) + (1-p_{a-2})V_{t+1}(N)\}$$

$$t = 0, 1, \cdots, T-1$$

$$V_t(0) = r(0,1) + p_0 V_{t+1}(1) + (1-p_0)V_{t+1}(N),\ t = 0$$

ここで

$$r(s,1) = -m_s, \quad s \in \{0, 1, \cdots, N-1\}$$

$$r(s,a) = u_s - b_{a-2} - m_{a-2} \quad a = 2, 3, \cdots, N-1, \quad s \in S$$

である。状態 0 は時刻 0 でしかとらないことに注意する。他車に乗り換えたとき，つぎの期には必ず 1 期車齢が進むためである。

最適決定を値反復法により求めた結果は以下のとおりとなった。$T = 20$ を除き，決定 1 は 1 期継続して乗車する，決定 $a (a \geqq 2)$ は車齢 $a-2$ に乗り換えることを表している。$T = 20$ では必ず決定 1 をとり車両を売る。

Case A

表 3.1 に最適政策の結果を示す。縦は状態を，横は決定時刻を表している。例えば，時刻 8 で状態 9 のとき，決定 $a = 4$ をとることを表す。

表 3.1　最適決定（Case A）

T	0	5	10	15	20
$s = 0$	1 1 1 1 1	1 1 1 1 1	1 1 1 1 1	1 1 1 1 1	1
1	1 1 1 1 1	1 1 1 1 1	1 1 1 1 1	1 1 1 1 1	1
2	1 1 1 1 1	1 1 1 1 1	1 1 1 1 1	1 1 1 1 1	1
3	1 1 1 1 1	1 1 1 1 1	1 1 1 1 1	1 1 1 1 1	1
4	1 1 1 1 1	1 1 1 1 1	1 1 1 1 1	1 1 1 1 1	1
5	1 1 1 1 1	1 1 1 1 1	1 1 1 1 1	1 1 1 1 1	1
6	1 1 1 1 1	1 1 1 1 1	1 1 1 1 1	1 1 1 1 1	1
7	1 1 1 1 1	1 1 1 1 1	1 1 1 1 1	1 1 1 1 1	1
8	1 1 1 1 1	1 1 1 1 1	1 1 1 1 1	1 1 1 1 1	1
9	1 1 1 1 1	1 1 1 4 4	1 1 1 1 4	4 4 1 1 1	1
10	4 4 4 4 4	4 4 4 4 4	4 4 4 4 4	4 4 4 1 1	1
11	4 4 4 4 4	4 4 4 4 4	4 4 4 4 4	4 4 4 8 1	1
12	4 4 4 4 4	4 4 4 4 4	4 4 4 4 4	4 4 4 8 12	1

時刻 0 で新車から乗り始めたときの期待利得は -437.914 であった（437.914 の費用がかかった）。維持経費が車齢について単調増加であることから，期間中頃までは同じ状態の下で最適決定はほぼ同じである。ただし，車齢 9 において残り期間により継続するときと車齢 4 の中古車を購

入するときがある。車齢 10 以上では，期末に近付くと最適な決定は変化している。

Case B

表 3.2 に最適決定を表す。

表 3.2　最適決定（Case B）

T	0	5	10	15	20
$s=0$	1 1 1 1 1	1 1 1 1 1	1 1 1 1 1	1 1 1 1 1	1
1	1 1 1 1 1	1 1 1 1 1	1 1 1 1 1	1 1 1 1 1	1
2	1 1 1 1 1	1 1 1 1 1	1 1 1 1 1	1 1 1 1 1	1
3	1 1 1 1 1	1 1 1 1 1	1 1 1 1 1	1 1 1 1 1	1
4	1 1 1 1 1	1 1 1 1 1	1 1 1 1 1	1 1 1 1 1	1
5	1 1 1 1 1	1 1 1 1 1	1 1 1 1 1	1 1 1 1 1	1
6	1 1 1 1 1	1 1 1 1 1	1 1 1 1 1	1 1 1 1 1	1
7	1 1 1 1 1	1 1 1 1 1	1 1 1 1 1	4 1 1 1 1	1
8	1 1 1 1 1	1 1 1 1 1	1 1 1 1 1	1 1 1 1 1	1
9	3 2 2 2 2	2 2 3 4 4	2 2 3 2 3	4 4 4 1 1	1
10	3 1 2 1 2	2 2 3 4 1	1 2 1 2 3	4 4 4 1 1	1
11	3 2 2 2 2	2 2 3 4 4	2 2 3 2 3	4 4 4 4 12	1
12	3 2 2 2 2	2 2 3 4 4	2 2 3 2 3	4 4 4 4 12	1

時刻 0 で新車から乗り始めたときの期待利得は -491.041 である。維持費用が車齢とともに増減を繰り返すため，車齢が 9 以上になると残り期間により決定は異なることがわかる。

4 総割引期待利得マルコフ決定過程

前章は有限期間における総期待利得を最大にする問題を扱っていた。この章では，無限期間における総割引期待利得問題を扱う。

将来に受け取る利得は，現在受け取る利得に換算すると $\gamma(<1)$ 倍の価値しかないと考える。

この割引率は，以下に示す要因から発生すると考えられる。

・いま，現金を1万円銀行に預けるとする。1単位期間（例えば1年）ごとに利息 r 万円がつくとすれば，1期間後には $1+r$ 万円になる。したがって，1期間後に1万円受け取ることは現在受け取る現金として $\gamma=\dfrac{1}{1+r}$ 万円の価値を意味することになる。$r>0$ ならば，$\gamma<1$ となる。

・インフレ率が1期間ごとに $100r$%であるとする。お金で商品・サービスを購入すると考えれば，いま1万円で購入できる商品は，1期間後には $1+r$ 万円で購入する必要がある。したがって，1期間後に1万円で購入できる商品は，いまであれば $\gamma=\dfrac{1}{1+r}$ 万円で購入できる。

以下では，この総割引期待利得を最大化する問題について，定式化を行い，最適性方程式を示すとともに，最適政策に関する理論的性質を示す。特に，割引率の存在により，総期待利得の最適値関数に関する縮小写像等の性質があることなどが導かれ，最適政策に関する理論的保証の導出を容易にすることを述べる。また，最適政策を導く数値計算法として，値反復法，政策反復法，修正政策反復法，線形計画法による方法について議論する。

近年ではマルコフ決定過程を基礎とした，強化学習の研究がなされている。その多くは無限期間総割引期待利得を最大化する評価規範としている。この点については 8.2 節で述べる。

4.1 無限期間総割引期待利得

状態空間を S とし，時刻 t において状態 $s_t \in S$ のとき，とり得る決定の集合（決定空間）を $A(s_t)$，$s_t \in S$ とする。ここでは，状態空間は高々可算無限とする。決定集合は有限であるとする。なお，数値計算法では状態空間が有限個であるとする。

また，時刻 t において状態 s_t のとき決定 $a_t \in A(s_t)$ をとったとき，受け取る期待利得を $r(s_t, a_t)$，$s_t \in S$，$a_t \in A(s_t)$ とする。つぎの期の状態が $s_{t+1} \in S$ となる推移確率を $p(s_{t+1}|s_t, a_t)$ とする。前章の有限期間問題とは異なり，期待利得関数，推移確率は時刻には依存しない（定常である）とする。

意思決定者は各時刻 $t \in \mathcal{Z}^+ = \{0, 1, 2, \cdots\}$ において，時刻 t における履歴 $h_t = (s_0, a_0, s_1, a_1, \cdots, s_{t-1}, a_{t-1}, s_t) \in H_t$ を基に決定を行う。

初期における状態を $s_0 = s \in S$ とするとき，問題は，つぎの**無限期間総割引期待利得**（expected total discounted reward over an infinite horizon）を最大にするように，履歴 h_t を基に決定を行う政策 $\pi \in \Pi$ を求めることである。

$$V_\gamma^\pi(s) = \lim_{T\to\infty} E^\pi \left[\sum_{t=0}^{T} \gamma^t r(s_t, a_t) | s_0 = s \right]$$

ここで γ は**割引率**（または**割引因子**）（discount factor）であり，$0 < \gamma < 1$ が成り立つと仮定する。

特に，期待利得 $r(s, a)$ について，ある有限の定数 M が存在して $|r(s, a)| \leq M$ が成り立つとすると，lim と期待値の交換ができて

$$V_\gamma^\pi(s) = E^\pi \left[\sum_{t=0}^{\infty} \gamma^t r(s_t, a_t) | s_0 = s \right]$$

と表現することができる。

前章同様，政策空間として以下を考える。

$$\Pi = \left\{ \pi_t(a|h_t), t \in \mathcal{Z}^+ \middle| \sum_{a \in A(s_t)} \pi_t(a|h_t) = 1; h_t \in H_t \right\}$$

Π_d：決定性政策空間，各時刻 t でとる決定は一つのみである。すなわち時刻 t における決定 a_t は履歴 h_t を基に唯一定まる。

Π_m： マルコフ政策空間

$\Pi_{m,d}$： 決定性マルコフ政策空間

さらに，マルコフ政策空間，決定性マルコフ政策空間の部分集合として，時刻に依存せず，その時点の状態のみで決定が定まる政策空間を考える。このような政策を**定常政策**（stationary policy）と呼ぶ。

最適値関数を

$$V_\gamma^*(s) = \sup_{\pi \in \Pi} V_\gamma^\pi(s) \tag{4.1}$$

と定義する。すべての $s \in S$ について右辺を最大にする政策 $\pi^* \in \Pi$ が存在すれば

$$V_\gamma^*(s) = V_\gamma^{\pi^*}(s) = \max_{\pi \in \Pi} V_\gamma^\pi(s) \tag{4.2}$$

となる。この最適政策の性質について議論する。

π が定常な決定性マルコフ政策であるとき，$\pi(s)$ を状態 s での決定を表すとすると，推移に関するマルコフ性から

$$\begin{aligned} V_\gamma^\pi(s) &= r(s,\pi(s)) + E^\pi\left[\sum_{t=1}^\infty \gamma^t r(s_t,a_t) \middle| s_0 = s, a_0 = \pi(s)\right] \\ &= r(s,\pi(s)) \\ &\quad + \sum_{s' \in S} p(s'|s,\pi(s)) E^\pi\left[\sum_{t=1}^\infty \gamma^t r(s_t,a_t) \middle| s_0 = s, a_0 = \pi(s), s_1 = s\right] \\ &= r(s,\pi(s)) + \gamma \sum_{s' \in S} p(s'|s,\pi(s)) E^\pi\left[\sum_{t=1}^\infty \gamma^{t-1} r(s_t,a_t) \middle| s_1 = s\right] \end{aligned}$$

となり

$$V_\gamma^\pi(s) = r(s,\pi(s)) + \gamma \sum_{s' \in S} p(s'|s,\pi(s)) V_\gamma^\pi(s'), \quad s \in S \tag{4.3}$$

を得る。特に，右辺を関数から関数への写像 L^π と置くと

$$V_\gamma^\pi(s) = L^\pi V_\gamma^\pi(s) \tag{4.4}$$

となる。

4.2 最適性方程式と理論的性質

3章の議論より，有限時間総期待利得問題の最適性方程式は以下の式で与えられる。ただし，3章の式と異なり，ここでは割引率 $\gamma < 1$ を加えている。

$$\left.\begin{aligned} &V_t(s) = \max_{a \in A(s)} \{r(s,a) + \gamma \sum_{s' \in S} p(s'|s,a) V_{t+1}(s')\} \\ &s \in S,\ t = 0, 1, \cdots, T-1 \end{aligned}\right\} \tag{4.5}$$

ここで $V_t(s)$ は時刻 t で状態 $s \in S$ であるとき，以降の総利益を最大にする政策をとったときの総期待利益である。

確率的な決定を含む任意の政策 $\pi \in \Pi$ に対して，履歴 $h = (s_0, a_0, \cdots, s)$ で決定 a をとる確率を $q^\pi(a|h)$ と置くとき，有限の値を持つ関数 $v(s)$ についてつぎの式が成り立つことがわかる。

$$\begin{aligned} &\max_{a \in A(s)} \{r(s,a) + \gamma \sum_{s' \in S} p(s'|s,a) v(s')\} \\ &\qquad \geq \sum_{a \in A(s)} q^\pi(a|h) \{r(s,a) + \gamma \sum_{s' \in S} p(s'|s,a) v(s')\} \end{aligned}$$

このことは，決定性政策のみに限定すればよいことを示唆している。実際この後の定理で述べられているように，最適な決定性マルコフ政策が存在することがわかる。

仮に $T \to \infty$ として，$V_t(s) \to V_\gamma^*(s)$ $(t \to \infty)$ が成り立つとすれば，式 (4.5) より式 (4.6) が成り立つことが想定される。

$$V_\gamma^*(s) = \max_{a\in A(s)}\{r(s,a) + \gamma\sum_{s'\in S}p(s'|s,a)V_\gamma^*(s')\},\ s\in S \tag{4.6}$$

この式は無限期間総割引期待利得規範における**最適性方程式**である。有限期間期待利得問題と同様に，現在受け取る利得の期待値とそれ以降最適な決定をとるときに受け取る割引期待利得の和を最大にするように決定を選ぶことにより，最適な決定と最大の総割引期待利得が得られることを示している。

いま，関数 v に対する作用素 L を以下の式で表すとする。

$$Lv(s) = \max_{a\in A(s)}\{r(s,a) + \gamma\sum_{s'\in S}p(s'|s,a)v(s')\},\ s\in S$$

式 (4.6) が実際成り立つことをつぎに示す。

定理 4.1　ある有限の定数 M に対し $|r(s,a)|\leq M(s\in S, a\in A(s))$ が成り立つとする。このとき式 (4.6)，すなわち

$$V_\gamma^*(s) = LV_\gamma^*(s) \tag{4.7}$$

が成り立つ。

【証明】　任意の決定性マルコフ政策 π について，π の下で時刻 1 で状態 s であるとき，それ以降の総割引期待利得を $U^\pi(s)$ とする。このとき

$$V_\gamma^\pi(s) = r(s,\pi(s)) + \sum_{s'\in S}p(s'|s,\pi(s))U^\pi(s')$$

であるが，式 (4.1) より $U^\pi(s)\leqq\gamma V_\gamma^*(s)$ である。したがって

$$\begin{aligned}V_\gamma^\pi(s) &\leqq r(s,\pi(s)) + \gamma\sum_{s'\in S}p(s'|s,\pi(s))V_\gamma^*(s')\\ &\leqq \max_{a\in A(s)}\{r(s,a) + \gamma\sum_{s'\in S}p(s'|s,a)V_\gamma^*(s')\}\end{aligned}$$

である。π は任意であるから

$$V_\gamma^*(s) \leqq \max_{a\in A(s)}\{r(s,a) + \gamma\sum_{s'\in S}p(s'|s,a)V_\gamma^*(s')\}$$

が成り立つ。

一方，$a^*(s)$ を式 (4.6) の右辺を最大にする決定とする。すなわち

$$
\begin{aligned}
&r(s, a^*(s)) + \gamma \sum_{s' \in S} p(s'|s, a^*(s)) V_\gamma^*(s') \\
&\quad = \max_{a \in A(s)} \{r(s,a) + \gamma \sum_{s' \in S} p(s'|s,a) V_\gamma^*(s')\}
\end{aligned}
$$

$r(s,a) \leqq M$ であることから，$V_\gamma^*(s) \leqq \dfrac{1}{1-\gamma} M$ である。式 (4.1) から，任意の $\varepsilon > 0$ についてつぎのような非定常政策 $\tilde{\pi}$ を選ぶことができる。

・時刻 0 で $a^*(s)$ を選ぶ。

・時刻 1 の状態が $s' \in S$ のとき，$V_\gamma^{\pi_{s'}}(s') \geqq V_\gamma^*(s') - \varepsilon$ を満たす政策 $\pi_{s'}$ を時刻 1 以降とる。

このとき

$$
\begin{aligned}
V_\gamma^{\tilde{\pi}}(s) &= r(s, a^*(s)) + \gamma \sum_{s' \in S} p(s'|s, a^*(s)) V_\gamma^{\pi_{s'}}(s') \\
&\geqq r(s, a^*(s)) + \gamma \sum_{s' \in S} p(s'|s, a^*(s)) V_\gamma^*(s') - \gamma\varepsilon
\end{aligned}
$$

一方，$V_\gamma^*(s) \geqq V_\gamma^{\tilde{\pi}}(s)$ より

$$
\begin{aligned}
V_\gamma^*(s) &\geqq r(s, a^*(s)) + \gamma \sum_{s' \in S} p(s'|s, a^*(s)) V_\gamma^*(s') - \gamma\varepsilon \\
&= \max_{a \in A(s)} \{r(s,a) + \gamma \sum_{s' \in S} p(s'|s,a) V_\gamma^*(s')\} - \gamma\varepsilon
\end{aligned}
$$

となる。ε が任意より

$$
V_\gamma^*(s) \geqq \max_{a \in A(s)} \{r(s,a) + \gamma \sum_{s' \in S} p(s'|s,a) V_\gamma^*(s')\}
$$

となり，定理が成り立つ。

◇

つぎに，最適性方程式の解の唯一性について議論する。関数属 U に対し作用素 $T : U \to U$ が以下の式を満たすとき，T は**縮小写像** (contraction mapping) であると呼ぶ。

$$
||Tu - Tv|| \leqq \alpha ||u - v||, \quad u, v \in U,\ 0 \leqq \alpha < 1 \tag{4.8}
$$

記号 $||u||$ は関数 u のノルムであり，ここでは $||u|| = \sup_{s \in S} |u(s)|$ であるとする。U がバナッハ空間であるとき，つぎの不動点定理が成り立つ（Blackwell[12)]）。バナッハ空間の定義は省略する（Szepesvari[37)] 訳本の付録等参照のこと）。

補題 4.1　U がバナッハ空間，T が U から U への縮小写像とする。このとき

・$Tu^* = u^*$ を満たす $u^* \in U$ が唯一存在する。

・任意の $u_0 \in U$ に対し，$u_n = Tu_{n-1} = T^n u_0$ $(n = 1, 2, \cdots)$ とすると，列 u_n は u^* に収束する。

直感的には，式 (4.8) を繰り返し用いることで

$$||T^n u - T^n v|| \leqq \alpha^n ||u - v||$$

となることから，$0 < \alpha < 1$ のとき $T^n u$ と $T^n v$ は $n \to \infty$ のとき同じ関数に収束することが予想できるであろう。

写像 L について，以下の定理が成り立つ。

定理 4.2　$0 \leqq \gamma < 1$ のとき，写像 L は縮小写像である。

【証明】　ある状態 $s \in S$ と関数 u, v について，$Lv(s) \geqq Lu(s)$ とする。

$$a^*(s) = \arg \max_{a \in A(s)} \{r(s,a) + \gamma \sum_{s' \in S} p(s'|s,a)v(s')\}$$

とすると，$Lu(s) \geqq r(s, a^*(s)) + \gamma \sum_{s' \in S} p(s'|s, a^*(s))u(s')$ であることに注意すれば

$$\begin{aligned}
0 &\leqq Lv(s) - Lu(s) \\
&\leqq r(s, a^*(s)) + \gamma \sum_{s' \in S} p(s'|s, a^*(s))v(s') - r(s, a^*(s)) \\
&\quad -\gamma \sum_{s' \in S} p(s'|s, a^*(s))u(s')
\end{aligned}$$

$$= \gamma \sum_{s' \in S} p(s'|s, a^*(s))\{v(s') - u(s')\} \leqq \gamma \sum_{s' \in S} p(s'|s, a^*(s))||v - u||$$
$$= \gamma||v - u||$$

したがって $|Lv(s) - Lu(s)| \leqq \gamma||v - u||$ である。$Lv(s) < Lu(s)$ の場合でも同様の計算により $|Lu(s) - Lv(s)| \leqq \gamma||u - v|| = \gamma||v - u||$ となる。すべての s について sup をとることにより $||Lv - Lu|| \leqq \gamma||v - u||$ となる。

同様にして，$0 \leqq \gamma < 1$ のとき，任意の決定性マルコフ政策 $\pi \in \Pi_{m,d}$ に対して L^π は縮小写像であることも示すことができる。

定理 4.1，補題 4.1 と定理 4.2 より以下の結果を得る。

定理 4.3　　$0 \leqq \gamma < 1$ とする。利得 $r(s, a)$ が有界であるとする。このとき，$V_\gamma^*(s)$ は最適性方程式 $V = LV$ を満たす唯一の関数である。

この V_γ^* に対し，政策 π^* がつぎの式を満たす定常決定性マルコフ政策とする。

$$\pi^*(s) = \arg\max_{a \in A(s)} \{r(s, a) + \gamma \sum_{s' \in S} p(s'|s, a)V_\gamma^*(s')\}, \ s \in S \qquad (4.9)$$

この π^* は，LV_γ^* における決定を表している。$V_\gamma^*(s) = LV_\gamma^*(s) = L^{\pi^*}V_\gamma^*(s)$ であり，さらに $V_\gamma^{\pi^*}(s) = L^{\pi^*}V_\gamma^{\pi^*}(s)$ であることから，L^{π^*} の縮小写像性より $V_\gamma^{\pi^*}(s) = V_\gamma^*(s)$ となる。

以上より，π^* は最適性方程式 $V = LV$ を満たす唯一の関数 $V_\gamma^{\pi^*}(s)$ を持ち，かつ最適政策となる。したがって以下の定理が成り立つ。

定理 4.4　　状態空間 S が可算無限であり，各 $s \in S$ に対し決定空間 $A(s)$ が有限であるとする。利得関数 $r(s, a)$ が有界であるならば，最適な定常決定性マルコフ政策 $\pi^* \in \Pi_{m,d}$ が存在し，$V_\gamma^{\pi^*}(s)(= V_\gamma^*(s))$ は最適性方程式を満たす唯一の解である。

上記の定理において，利得関数 $r(s,a)$ が有界であるという条件が存在する。状態空間が有限であるならばこの条件は通常成り立つ。状態空間が可算無限の場合は利得関数が有界であるとは限らない。例えば，待ち行列の制御問題において，長さに比例した費用がかかるとすると，何人でも待つことができる場合には費用に上限がない。Puterman[24]（p.237 命題 6.10.5）において，同じ結果が成り立つための十分条件が示されている。以下この十分条件を示す。この条件は，状態や決定の変化による利得の増加が急激でないことを示している。

定理 4.5　$r(s,a)$ が非有界でも，以下の条件 (a) と (b) の両方を満たす状態空間から実数への関数 $w(s)$ が存在すれば定理 4.4 と同じ結果が成立する。

(a)　ある有限の定数 $\mu > 0$ について

$$\max_{a \in A(s)} |r(s,a)| \leqq \mu w(s), \quad s \in S$$

が成立する。

(b)　つぎのいずれかが成立する

(b1)　ある定数 $L(>0)$ について以下の式が成立する。

$$\sum_{s' \in S} p(s'|s,a) w(s') \leqq w(s) + L, \quad a \in A(s),\ s \in S$$

(b2)　$w(s)$ の定義域を非負実数値に拡張し，$w(s)$ を $[0,\infty)$ 上の微分可能な非減少 concave 関数とすることができ，ある定数 $K > 0$ について以下の式が成り立つ。

$$\sum_{s' \in S} p(s'|s,a) s' \leqq K, \quad a \in A(s),\ s \in S$$

4.3 計算アルゴリズム

本節では，最適政策を求める計算方法を示す。この節では，状態空間は言及しない限り有限であるとする。

4.3.1 値反復法

前節の補題 4.1，定理 4.2，4.3 より，任意の関数 $v^0(s)$ に対して

$$v^n(s) = \max_{a \in A(s)} \{r(s,a) + \gamma \sum_{s' \in S} p(s'|s,a) v^{n-1}(s')\},\ s \in S$$

すなわち

$$v^n = Lv^{n-1}$$

と更新すると，$n \to \infty$ のとき $v^n(s)$ は最適値関数 $V_\gamma^*(s)$ に収束する。このことから，$V_\gamma^*(s)$ を近似的に求める方法として以下の**値反復法**（value iteration method）を得る。

値反復法

1. 関数 $v^0(s)$ $(s \in S)$ を選び，$\varepsilon > 0$ を設定する。$n = 0$ とする。
2. 各 $s \in S$ に対して，$v^{n+1}(s)$ を次式により計算する。

$$v^{n+1}(s) = \max_{a \in A(s)} \{r(s,a) + \gamma \sum_{s' \in S} p(s'|s,a) v^n(s')\},\ s \in S \qquad (4.10)$$

3. $||v^{n+1} - v^n|| = \max_{s \in S} |v^{n+1}(s) - v^n(s)| \leqq \varepsilon(1-\gamma)/2\gamma$ ならば 4. へ，そうでなければ n を 1 増やして 2. に戻る。
4. 各 $s \in S$ について

$$\pi^*(s) = \arg \max_{a \in A(s)} \{r(s,a) + \gamma \sum_{s' \in S} p(s'|s,a) v^{n+1}(s')\},\ s \in S$$

として $\pi^*(s)$ を出力し終了する。

定理 4.6　値反復法で求めた定常決定性マルコフ政策 $\pi^*(s)$ は ε 最適政策である，すなわち

$$||V_\gamma^{\pi^*}(s) - V_\gamma^*(s)|| \leqq \varepsilon$$

が成り立つ。

【証明】　任意の政策 π において $V_\gamma^\pi = L^\pi V_\gamma^\pi$ であることに注意すれば，L, L^π が縮小率 γ を持つ縮小写像であることより

$$\begin{aligned}
||V_\gamma^{\pi^*} - V_\gamma^*|| &\leqq ||V_\gamma^{\pi^*} - v^{n+1}|| + ||v^{n+1} - V_\gamma^*||, \\
||V_\gamma^{\pi^*} - v^{n+1}|| &= ||L^{\pi^*} V_\gamma^{\pi^*} - v^{n+1}|| \leqq ||L^{\pi^*} V_\gamma^{\pi^*} - Lv^{n+1}|| + ||Lv^{n+1} - v^{n+1}|| \\
&= ||L^{\pi^*} V_\gamma^{\pi^*} - L^{\pi^*} v^{n+1}|| + ||Lv^{n+1} - Lv^n|| \\
&\leqq \gamma||V_\gamma^{\pi^*} - v^{n+1}|| + \gamma||v^{n+1} - v^n||
\end{aligned}$$

したがって

$$||V_\gamma^{\pi^*} - v^{n+1}|| \leqq \frac{\gamma}{1-\gamma}||v^{n+1} - v^n||$$

同様にして

$$||v^{n+1} - V_\gamma^*|| = ||V_\gamma^* - v^{n+1}|| \leqq \frac{\gamma}{1-\gamma}||v^{n+1} - v^n||$$

も示すことができる。値反復法の 3. より

$$||V_\gamma^{\pi^*} - V_\gamma^*|| \leqq \varepsilon$$

が示された。

◇

値反復法に関する収束率として以下のことが知られている（Puterman[24] p.163 定理 6.3.3）。

$$||V_\gamma^n - V_\gamma^*|| \leqq \frac{\gamma^n}{1-\gamma}||V_\gamma^1 - V_\gamma^0|| \tag{4.11}$$

この式より，γ が 1 に近いとき，収束率は遅い。実際，$\dfrac{\gamma^n}{1-\gamma}$ は $\gamma = 0.95$ のとき $n = 100$ では 0.1184 であり，収束したとはいえない。$n = 200$ において 0.0007 となる。$\gamma = 0.99$ とすると $n = 200$ では 13.40 となり収束しているとはいえない。$n = 500$ で 0.657，$n = 1000$ でやっと 0.00432 程度である。もちろん，式 (4.11) の右辺は左辺の上限値であるので実際の収束はより早いが，収束しているかどうかの判断は十分注意する必要がある。

4.3.2 政策反復法

値反復法とともによく知られている方法として**政策反復法**（policy iteration method）がある。定常な決定性マルコフ政策 $\pi \in \Pi_{m,d}$ の下で，式 (4.3)

$$V_\gamma^\pi(s) = r(s, \pi(s)) + \gamma \sum_{s' \in S} p(s'|s, \pi(s)) V_\gamma^\pi(s'), \quad s \in S$$

が成り立つことを用いて，政策 π に対する値関数 $V_\gamma^\pi(s)$ を求めながら政策を改良する。

値反復法が関数 $v^n(s)$ を更新していくのに対し，政策反復法は決定を更新することにより最適政策に近付く方法である。

政策反復法

1. $n = 0$ とし，初期決定性マルコフ政策 $\pi_0 \in \Pi_{m,d}$ を選択する。
2. つぎの連立一次方程式を解いて $\{V_n(s); s \in S\}$ を求める。

$$V_n(s) = r(s, \pi_n(s)) + \gamma \sum_{s' \in S} p(s'|s, \pi_n(s)) V_n(s'), \ s \in S$$

すなわち

$$\left.\begin{aligned} &(1 - \gamma p(s|s, \pi(s))) V_n(s) - \sum_{s' \neq s} \gamma p(s'|s, \pi_n(s)) V_n(s') \\ &\quad = r(s, \pi_n(s)) \\ &\quad s \in S \end{aligned}\right\} \tag{4.12}$$

3. 決定性マルコフ政策 $\pi_{n+1} \in \Pi_{m,d}$ をつぎの式で求める。$s \in S$ において最大化するものが複数ある場合，$\pi_n(s)$ が最大化する決定の一つである場合は $\pi_{n+1}(s) = \pi_n(s)$ とする。

$$\pi_{n+1}(s) = \arg\max_{a \in A(s)} \{r(s, a) + \gamma \sum_{s' \in S} p(s'|s, a) V_n(s)\}, \ s \in S \tag{4.13}$$

4. すべての $s \in S$ において $\pi_{n+1}(s) = \pi_n(s)$ であるならば $\pi^*(s) = \pi_n(s)$ として $\pi^*(s)$ を出力して終了する。そうでなければ $n+1$ を n として 2. に戻る。

Step 2 では連立 1 次方程式 (4.12) を解く必要があり，ガウスザイデル法やLU 分解などの計算法を用いる。Step 3 より

$$L^{\pi_{n+1}} V_n(s) \geqq L^{\pi_n} V_n(s) = V_n(s), \quad s \in S \tag{4.14}$$

であり，ある s について真の不等号で成り立つ場合は n を 1 増やして step 2 に戻ることを示している。このことからつぎの補題が成り立つ。

補題 4.2　$V_{n+1}(s) \geqq V_n(s)$, $s \in S$ が成り立つ。

【証明】　式 (4.14) の両側に写像 $L^{\pi_{n+1}}$ を適用すると

$$(L^{\pi_{n+1}})^2 V_n(s) \geqq L^{\pi_{n+1}} V_n(s) \geqq V_n(s)$$

が成り立つ。この操作を繰り返すことで任意の正の整数 m について

$$(L^{\pi_{n+1}})^m V_n(s) \geqq V_n(s)$$

が成り立つ。$L^{\pi_{n+1}}$ も縮小写像であることから，補題 4.1 より左辺を $m \to \infty$ とすれば $V = L^{\pi_{n+1}} V$ の唯一解 $V_\gamma^{\pi_{n+1}}(s) = V_{n+1}(s)$ に収束する。

◇

状態空間 S，決定空間 $A(s)$ $(s \in S)$ が有限であるとき，このアルゴリズムは有限回の反復で終了する。定常決定性マルコフ政策は有限個であり，補題 4.2 より $V_\gamma^n(s)$ は非減少であるため政策が改良する際は必ず何らかの状態について $V_\gamma^n(s)$ の値が真に増加する，すなわち政策は必ず改良されるためである。

アルゴリズム終了時 $V_n(s) = L^{\pi_n} V_n(s)$ であり，L^{π_n} が縮小写像であることから補題 4.1 と式 (4.4) より $V_n(s) = V_\gamma^{\pi_n}(s)$ である。また，$\pi_n(s)$ について

$$\begin{aligned} V_n(s) &= r(s, \pi_n(s)) + \gamma \sum_{s' \in S} p(s'|s, \pi_n(s)) V_n(s') \\ &= \max_{a \in A(s)} \{r(s, a) + \gamma \sum_{s' \in S} p(s'|s, a) V_n(s')\}, \ s \in S \end{aligned}$$

となり，$V_\gamma^{\pi_n}(s) = L^{\pi_n} V_\gamma^{\pi_n}(s) = L V_\gamma^{\pi_n}(s)$ が成り立つ。すなわち，$V_\gamma^{\pi_n}(s)$ は最適性方程式を満たし，かつ政策 π_n は右辺を最大化する決定となる。すなわち，定理 4.4 より，π_n は最適政策となる。

以上より，収束に関して，つぎのことが成り立つことが示される。

定理 4.7　政策反復法により生成される値関数の列 $\{V_n(s), s \in S; n = 1, 2, \cdots\}$ は単調非減少でかつ $V_\gamma^*(s)$ にノルムの意味で収束する。また，出力された政策 $\pi^*(s)$ は最適政策である。

また，ある条件の下で，$V_n(s)$ はつぎの式の意味で 2 次収束することも示されている。すなわち，ある定数 K に対し

$$||V_{n+1} - V_\gamma^*|| \leq \frac{K\gamma}{1-\gamma}||V_n - V_\gamma^*||^2$$

である（Puterman[24] p.181 定理 6.4.8）。したがって，最適政策への収束は値反復法と比べ速く，反復回数は非常に少なくて済む。ただし，連立 1 次方程式を解く必要性から，1 回の反復にかかる計算時間は長くなる。

4.3.3　修正政策反復法

政策反復法は連立 1 次方程式を解く必要があるため，状態数 N が大きくなると N^3 のオーダーで計算量が増加する。最近ではパソコンでも計算速度が急激に上がっているもののメモリはまだ高価であり，例えば 1 万次元を超えるような問題は，計算機のメモリの容量が不足する等の理由で解けなくなることも多い。一方，政策を改良する際は，V_n を厳密に求めなくてもよい政策を求めることも考えられる。

以下では，最適値関数の評価を逐次的に求める**修正政策反復法**（modified policy iteration method）を示す。

修正政策反復法

1. 初期関数 V_0 を定める。$\varepsilon > 0$，非負整数列 $\{m_n; n = 0, 1, 2, \cdots\}$ を定める。$n = 0$ とする。

2. 決定性マルコフ政策 $\pi_{n+1} \in \Pi_{m,d}$ をつぎの式で求める。$s \in S$ において

最大化するものが複数ある場合，$\pi_n(s)$ が最大化する決定の一つである場合は $\pi_{n+1}(s) = \pi_n(s)$ とする。

$$\pi_{n+1}(s) = \arg \max_{a \in A(s)} \{r(s,a) + \gamma \sum_{s' \in S} p(s'|s,a)V_n(s)\}, \ s \in S$$

3. $k = 0$ とする。以下の式で $w_{n,0}$ を求める。

$$w_{n,0}(s) = \max_{a \in A(s)} \{r(s,a) + \gamma \sum_{s' \in S} p(s'|s,a)V_n(s)\}, \ s \in S$$

4. $||w_{n,0} - V_n|| < \varepsilon \frac{1-\gamma}{2\gamma}$ のとき，8. に行く。
5. $k = m_n$ ならば 7. に行く。そうでなければ，つぎの式で $w_{n,k+1}$ を求める。

$$w_{n,k+1}(s) = r(s, \pi_{n+1}(s)) + \gamma \sum_{s' \in S} p(s'|s, \pi_{n+1}(s))w_{n,k}(s'), \ s \in S$$

6. k を 1 増やす。5. に戻る。
7. $V_{n+1}(s) = w_{n,m_n}(s)$ とし，n を 1 増やす。2. に戻る。
8. π_{n+1} を近似最適政策として出力する。

この解法により最適値関数 $V^*_\gamma(s)$ にノルムの意味で近付くが，有限回の反復で最適値関数を得る保証はない。しかし，以下の定理より γ^{m_n+1} の率で最適値関数に近付く。値反復法が毎回最大化する決定を求めることを考慮すれば，修正政策反復法は値反復法より優れた収束性があることを保証している（証明は Puterman[24] p.193 系 6.5.7 等）。

定理 4.8　修正政策反復法において，ある条件の下で，任意の ε に対し，以下の式がすべての $n \geqq N$ について成り立つという整数 N が存在する。

$$||V_{n+1} - V^*_\gamma|| \leqq (\gamma^{m_n+1} + \varepsilon)||V_n - V^*_\gamma||$$

修正政策反復法はいくつかのバリエーションが提案されている。詳しくは大野[3] 7.3.3 節（p.105）を参照のこと。

4.3.4 線形計画法

最適性方程式 (4.6) から，最適値関数 $V_\gamma^*(s)$ は

$$V_\gamma^*(s) \geqq r(s,a) + \gamma \sum_{s' \in S} p(s'|s,\pi_{n+1}(s))V_\gamma^*(s'),\ a \in A(s),\ s \in S$$

を満たすことがわかる。このことからつぎの線形計画法に対する解法を得る。この節では状態集合，決定集合とも有限であるとする。

$\{w(s); s \in S\}$ を $\sum_{s \in S} w(s) = 1,\ w(s) > 0$ を満たす関数列とする。以下の問題を総割引期待利得最大化問題に対する**主線形計画問題**（primal linear program）と呼ぶ。

$$\text{Minimize} \sum_{s \in S} w(s)v(s)$$

$$\text{subject to } v(s) - \gamma \sum_{s' \in S} p(s'|s,a)v(s') \geqq r(s,a), \quad a \in A(s),\ s \in S$$

$v(s)$ は符号制約がないことに注意する。この問題は最小化問題でありかつ重みが正であることから，各状態 s について制約条件を満たす範囲で最小の値をとるように決定 a を求める。前に述べた定理 4.3 から，有限状態，有限決定空間で利得が有界であれば各状態 s についてある決定のもとで制約条件を等号とするような $v(s)$ は唯一存在する。この主線形計画問題はそのような関数 $v(s)$ を見つける問題となっている。

この問題に対し，つぎの**双対線形計画問題**（dual linear program）を考える。

$$\text{Maximize} \sum_{s \in S} \sum_{a \in A(s)} r(s,a)x(s,a)$$

$$\text{subject to} \sum_{a \in A(s)} x(s,a) - \gamma \sum_{s' \in S} \sum_{a \in A(s')} p(s|s',a)x(s',a) = w(s), s \in S$$

$$x(s,a) \geqq 0, \quad a \in A(s),\ s \in S$$

主問題が変数 $|S|$ 個，制約式の数が $\sum_{s \in S} |A(s)|$ であるのに対し，双対計画問題は変数の数が $\sum_{s \in S} |A(s)|$，制約式の数が $|S|$ であることに注意する。以下に示す

定理 4.9 より最適解が直接最適政策を表すことから双対計画問題を用いることも多い。双対問題の変数 $x(s,a)$ は主問題の同じ状態と決定に関する制約式と対応している。さらに線形計画問題の相補性条件から，双対問題の最適解について $x(s,a)>0$ であるならば，主問題の最適解では，同じ組 (s,a) に対応する制約条件に関して等号で成り立つ。すなわち，状態 $s\in S$ について最適決定を与えることがわかる（線形計画問題に関する主問題と双対問題については線形計画法に関する文献を参考にしていただきたい）。

状態空間，決定空間が有限のとき，つぎの定理を得る（証明は Puterman[24] p.227 定理 6.9.4 等）。

定理 4.9　双対問題に対する最適解を $\{x^*(s,a); a\in A(s), s\in S\}$ とする。このとき，状態 $s\in S$ において決定 a をとる確率が $x(s,a)/\sum_{a'\in A(s)} x(s,a')$ となるマルコフ政策は最適政策である。特に，各状態 $s\in S$ について $x(s,a^*(s))>0$ となる $a^*(s)\in A(s)$ が唯一となる最適解（最適基底解）が存在するとき，状態 $s\in S$ に対して決定 $a^*(s)$ をとる定常決定性マルコフ政策は最適政策である。最適基底解は $\sum_{s\in S} w(s)=1,\ w(s)>0$ を満たす $w(s)$ の値に依存しない。

線形計画法を解くソフトウェアは多く存在する。計算機の記憶容量ととり得る決定の個数によるが，有償のソフトウェアであれば数千から数万程度の状態数の問題を解くことは可能である。

例 4.1　例 1.3 について総割引期待利得規範最適化問題として解いてみる。パラメータは例 3.1 と同じであり，割引率を $\gamma=0.8, 0.85, 0.9, 0.95, 0.99$ の 5 種類設定した。

Case A

状態 1 から 8 はいずれも決定 1 が最適である（**表 4.1** 参照）。

表 **4.1** 最適決定（Case A）

γ	0.80	0.85	0.90	0.95	0.99
$s=9$	1	1	1	1	1
10	1	1	1	4	4
11	5	4	4	4	4
12	5	4	4	4	4

有限期間問題である例 3.1 の結果と比較して最適決定についてそれほど変化はない。γ が小さいと，現在の利得が優先され，あまり将来の利益を考えなくなるため，直近のコストが小さくなるように選ぶ傾向にある。$\gamma=0.99$ では状態 10 において車を継続して乗るときの買い換えまでの費用を考えて中古をすぐに買うことを選択しているが，$\gamma=0.8$ では現在の期の費用により重みを置くため継続する方がメリットがあり，1 期継続してつぎの期に中古に買い替えている。

Case B

状態 1 から 8 はいずれも決定 1 が最適である（**表 4.2** 参照）。

表 **4.2** 最適決定（Case B）

γ	0.80	0.85	0.90	0.95	0.99
$s=9$	1	4	4	2	2
10	1	1	1	1	1
11	4	4	4	2	2
12	4	4	4	2	2

γ が大きいほど，将来にわたる利益を考慮する必要が出てくるため，割引費用規範の最初の時期の決定に近付くことが読み取れる。

5 平均利得マルコフ決定過程

これまで有限期間総期待利得，無限期間総割引期待利得問題を述べてきた。一方で，長時間で見たときの利得として平均利得を規範として想定することはごく自然であろう。

しかし，平均利得問題を扱う場合，理論的にも，また最適政策を求める際にもいくつか注意する点がある。本章ではこの点に留意しながら最適政策の性質，最適政策を求めるアルゴリズムについて述べる。

5.1 平均利得

5.1.1 平均利得の上極限，下極限

この章を通してつぎの仮定を行う。

・特に言及しない限り状態空間 S は有限状態と仮定するが，5.1, 5.2 節等では，可算無限状態空間を扱っている。

・各状態 $s \in S$ における決定空間 $A(s)$ は有限である。

・各状態 $s \in S$ と各決定 $a \in A(s)$ における利得 $r(s,a)$，推移確率 $p(s'|s,a)$ $(s \in S)$ は時刻によらない（定常である）。

・$|r(s,a)| \leqq M < \infty$ となる定数 M が存在する。

政策空間をこれまで同様に定義する。

$$\Pi = \left\{ \pi_t(a|h_t), t \in \mathcal{Z}^+ \middle| \sum_{a \in A(s_t)} \pi_t(a|h_t) = 1; h_t \in H_t \right\}$$

Π_d：決定性政策空間

Π_m：マルコフ政策空間

$\Pi_{m,d}$：決定性マルコフ政策空間

また，政策 $\pi \in \Pi_{m,d}$ において，状態 $s \in S$ における 1 期分の期待利得を $r^\pi(s) = \sum_{a \in A(s)} \pi(a|s)r(s,a)$ と表記する。履歴に依存する決定政策の場合は右辺の $\pi(a|s)$ を $\pi(a|h_t)$ と置き換える。5.2 節以降は，特に言及しない限り定常なマルコフ決定政策を仮定する。実際，定理 5.6 に示すように状態空間が有限（決定空間も有限）のときは，最適な定常決定性マルコフ政策が存在することがわかる。

政策 $\pi \in \Pi$ の下で，初期状態 $s \in S$, T 期間における期待利得を

$$V_T^\pi(s) = E^\pi \left[\sum_{t=0}^{T-1} r^\pi(s_t) | s_0 = s \right]$$

と置く。つぎの二つの上極限平均利得（limit sup average reward），下極限平均利得（limit inf average reward）を定義する。

$$g_+^\pi(s) = \limsup_{T \to \infty} \frac{1}{T} V_T^\pi(s)$$

$$g_-^\pi(s) = \liminf_{T \to \infty} \frac{1}{T} V_T^\pi(s)$$

$g_-^\pi(s) = g_+^\pi(s)$ が成り立つとき，**平均利得**（average reward）を

$$g^\pi(s) = \lim_{T \to \infty} \frac{1}{T} V_T^\pi(s)$$

とする。

つぎの式で上下限値に関する最適利得を定義する。

$$g_+^*(s) = \sup_{\pi \in \Pi} g_+^\pi(s)$$

$$g_-^*(s) = \sup_{\pi \in \Pi} g_-^\pi(s)$$

最適平均利得を

$$g^*(s) = \sup_{\pi \in \Pi} g^\pi(s), \quad s \in S$$

と定義する。ある政策 $\pi^* \in \Pi$ において，$g_-^*(s) = g_-^{\pi^*}(s) \geq g_+^*(s)$ がすべての $s \in S$ について成り立つとき，政策 π^* は平均利得規範の下で最適であるという。

つぎの結果は，マルコフ政策に限定して考えればよいことを表している（証明は Puterman[24] p.336 定理 8.1.2 を参照）。

定理 5.1　政策 $\pi \in \Pi$ と初期状態 $s \in S$ に対し，つぎの式を満たす（非定常も含む）マルコフ政策 $\pi' \in \Pi_m$ が存在する。

・$g_+^{\pi'}(s) = g_+^{\pi}(s)$, $g_-^{\pi'}(s) = g_-^{\pi}(s)$

・$g_-^{\pi}(s) = g_+^{\pi}(s)$ のときには $g^{\pi'}(s) = g^{\pi}(s)$ が成り立つ。

5.1.2　可算無限状態のとき

状態空間が可算無限であるとき，以下のように，最適な定常決定性マルコフ政策が存在しない場合がある。

例 5.1　（Ross[25] p.142　例 1）つぎのマルコフ決定過程を考える（図 5.1 参照）。図 5.1 において，括弧 [ ] の中の数字は利得 $r(s,a)$ を表す。矢印は推移を表し，推移確率はすべて 1 である。

状態空間 $S = \{0, 1, 2, 3, 4, 5, \cdots\}$

決定空間 $A(s) = \{1, 2\}$, $s \in S$

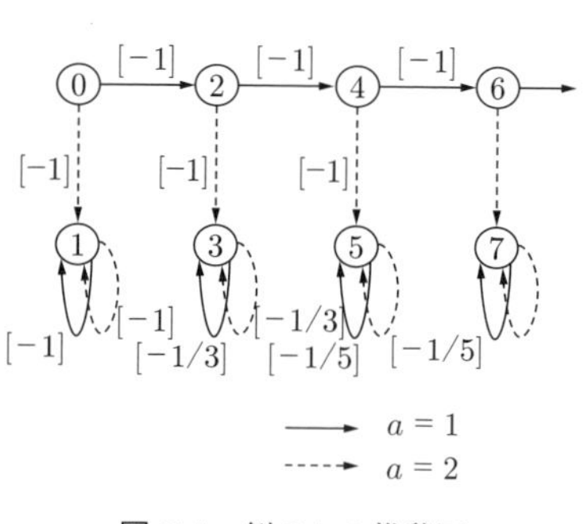

図 5.1　例 5.1 の推移図

推移確率 $p(s+2|s,1) = p(s+1|s,2) = 1$, $s = 0, 2, 4, \cdots$

$p(s|s,1) = p(s|s,2) = 1$, $s = 1, 3, 5, \cdots$

利得 $r(s,1) = r(s,2) = -1$, $s = 0, 2, 4, \cdots$

$r(s,1) = r(s,2) = -1/s$, $s = 1, 3, 5, \cdots$

この例において，初期状態を 0 とする。定常決定性マルコフ政策は本質的につぎの 2 種類しか存在しない。

定常政策 π_1:　つねに決定 1 を選ぶ。このとき平均利得は -1 となる。

定常政策 $\pi_{2,s}$ $(s \in \{0, 2, 4, \cdots\})$: 初めは決定 1 をとり続け，状態 s のとき初めて決定 2 を選ぶ。

このとき，平均利得は $-1/(s+1)$ となる。平均利得は定常政策 π_1 のとき以上である。

しかし，どの定常政策 $\pi_{2,s}$ をとっても，それよりも平均利得が大きい定常政策 $\pi_{2,s'}$ $(s' > s)$ が存在する。このことは，最適な定常政策が存在しないことを意味する。

つぎの例は非定常マルコフ政策が定常決定性マルコフ政策より優れている場合があることを示している。

例 5.2　(Ross[25] p.143　例 2) つぎの例について考察する (**図 5.2** 参照)。

状態空間 $S = \{0, 1, 2, 3, \cdots\}$

決定空間 $A(s) = \{1, 2\}$, $s \in S$

推移確率 $p(s+1|s, 1) = p(s|s, 2) = 1$

利得 $r(s, 1) = -1$, $r(s, 2) = -1/(s+1)$

定常決定性マルコフ政策は本質的につぎの 2 種類となる。

定常政策 π_1：つねに決定 1 を選ぶ。平均利得は -1 である。

定常政策 $\pi_{2,s}$：ある状態 $s \in S$ で初めて決定 2 を選ぶ。平均利得は $-1/(s+1)$ である。

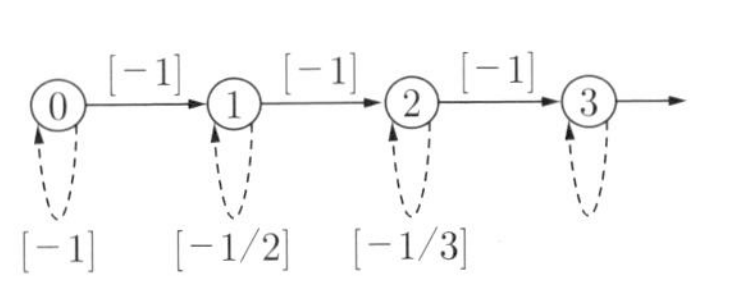

図 5.2　例 5.2

非定常マルコフ政策としてつぎの政策を考える。

状態 $s \in S$ を訪問したとき，決定 2 を $s+1$ 回行い，つぎに決定 1 をとる。この非定常政策の下では，状態 s に $s+2$ 期間滞在し，その間に受け取

る利得は -2 である。したがって，この非定常政策における平均利得は

$$\lim_{N\to\infty} \frac{-2N}{\displaystyle\sum_{s=0}^{N-1}(s+2)} = 0$$

となり，どの決定性定常マルコフ政策よりも利得が大きい。

この例では，確率的な定常マルコフ政策をとると平均利得を 0 にすることは可能であることが知られている。しかし，他の例ではどのような確率定常マルコフ政策よりも優れた非定常マルコフ政策が存在することも示されている（Fisher and Ross[15]）。

このように，状態空間が可算無限のときは，最適な定常決定性マルコフ政策が存在するとは必ずしもいえない。

5.1.3　定常マルコフ政策

以下の例は，定常でない政策 $\pi \in \Pi$ について $g_-^\pi(s) < g_+^\pi(s)$ となるが，定常決定性マルコフ政策 $\pi \in \Pi_{m,d}$ の下で $g^\pi(s)$ が存在することを示している。

例 5.3　　（Puterman[24] p.333 例 8.1.1）

図 5.3 に示されるマルコフ決定過程を考える。

$S = \{1,2\}$, $p(s|s,1) = 1$, $s = 1,2$, $p(2|1,2) = p(1|2,2) = 1$, $r(1,1) = r(1,2) = 2$, $r(2,1) = r(2,2) = -2$

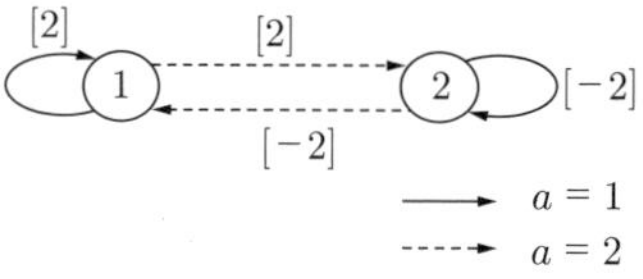

図 **5.3**　例 5.3

初期状態を 1 とする。このとき政策 π としてつぎの非定常政策をとるとする，初期状態 1 で決定 2 をとる。推移後の状態 2 では，決定 1 を 2 度とったあと決定 2 をとる。推移後状態 1 で決定 1 を $8(= 3^2 - 1)$ 期とったあと決定 2 をとる。推移後状態 2 では決定 1 を $26(= 3^3 - 1)$ 期とったあと決定 1 をとる。すなわち，状態 1 に 1 期，その後状態 2 に

3 期，状態 1 に $3^2 = 9$ 期，状態 2 に $3^3 = 27$ 期とどまる。同様に状態 1 と 2 の間を推移する。このとき n 回状態 2 への推移をして状態 1 に戻るまでの期間は $\sum_{k=0}^{2n-1} 3^k = (9^n - 1)/2$ であり，その間に受け取る利得は $\sum_{k=0}^{n-1} 3^{2k} \times 2 + \sum_{k=0}^{n-1} 3^{2k+1} \times (-2) = -(9^n - 1)/2$ となる。一方で，n 回目の状態 2 への推移までの期間は $\sum_{k=0}^{2n-2} 3^k = (3 \cdot 9^{n-1} - 1)/2$, 受け取る利得は $\sum_{k=0}^{n-1} 3^{2k} \times 2 + \sum_{k=0}^{n-2} 3^{2k+1} \times (-2) = (6 \cdot 9^{n-1} + 2)/4$ となる。したがって，lim sup として 1 から 2 に推移する時刻をたどるときの平均利得，lim inf として 2 から 1 に推移する時刻をたどるときの平均利得の値の列の収束先を求めることで

$$g_+^\pi(1) = 1, \quad g_-^\pi(1) = -1$$

となる。一方，定常政策の下では，どのような決定性定常マルコフ政策（状態 1 と 2 の決定の組合せで 4 種類ある）でも平均利得は収束する。例えば，つねに決定 1 をとる政策 π_1 では $g^{\pi_1}(1) = 2, g^{\pi_1}(2) = -2$ であり，つねに決定 2 をとる政策 π_2 では $g^{\pi_2}(1) = g^{\pi_2}(2) = 0$ である。

5.1.4 平均利得と定常マルコフ政策

2.4 節から 2.6 節のマルコフ連鎖の性質と 2.9 節のマルコフ報酬過程より，つぎの定理を得る。

定理 5.2　定常なマルコフ政策空間 $\pi = (\pi, \pi, \cdots) \in \Pi_m$ の下で，初期状態が s のときに時刻 t において状態が s' となる確率を $p_t^\pi(s'|s) = P^\pi(s_t = s'|s_0 = s)$ とする。つぎの式で定義される **Cesaro 極限**（Cesaro limit）

$$p^{\pi,c}(s'|s) = \lim_{T\to\infty} \frac{1}{T} \sum_{t=0}^{T-1} p_t^\pi(s'|s) \tag{5.1}$$

について，$\sum_{s' \in S} p^{\pi,c}(s'|s) = 1$ がすべての初期状態 $s \in S$ について成り立つとする（以下 Cesaro 極限は確率的であるという）。

このとき，$g^{\pi}(s)$ が存在し

$$
\begin{aligned}
g^{\pi}(s) &= \lim_{T \to \infty} \frac{1}{T} V_T^{\pi}(s) \\
&= \lim_{T \to \infty} \frac{1}{T} \sum_{t=0}^{T-1} \sum_{s' \in S} p_t^{\pi}(s'|s) r^{\pi}(s') = \sum_{s' \in S} p^{\pi,c}(s'|s) r^{\pi}(s')
\end{aligned}
\tag{5.2}
$$

が成り立つ。特に状態空間が有限であれば，$\sum_{s' \in S} p^{\pi,c}(s'|s) = 1$ が成り立ち，式 (5.2) が成立する。

状態空間が可算無限のときは，確率 $p^{\pi,c}(s'|s)$ の s' に関する和が 1 になるとは限らない。例えば $p^{\pi}(s+1|s) = 1$ のとき，$p^{\pi,c}(s'|s)$ はすべての $s, s' \in S$ について 0 となる（図 **5.4** 参照）。

図 5.4　確率 $p^{\pi,c}(s'|s)$ が 0 となる例

5.2 平均利得に関する関係式

定常マルコフ政策 $\pi \in \Pi_m$ の下での平均利得を考える。

以下，$r(s,a)$ がすべての $s \in S$，$a \in A(s)$ について有限であると仮定する。$\{p^{\pi,c}(s'|s); s, s' \in S\}$ がすべての $s \in S$ について確率的である，すなわち $\sum_{s' \in S} p^{\pi,c}(s'|s) = 1$ であるとする。このとき式 (5.2) より

$$
g^{\pi}(s) = \sum_{s' \in S} p^{\pi,c}(s'|s) r^{\pi}(s')
\tag{5.3}
$$

が成り立つ。

式 (2.15) より，$p^{\pi,c}(s'|s)$ について

$$\sum_{s'\in S} p^\pi(s'|s)p^{\pi,c}(s''|s') = \lim_{T\to\infty}\frac{1}{T}\sum_{t=0}^{T-1}\sum_{s'\in S} p^\pi(s'|s)p_t^\pi(s''|s')$$
$$= \lim_{T\to\infty}\frac{1}{T}\sum_{t=0}^{T-1} p_{t+1}^\pi(s''|s)$$
$$= \lim_{T\to\infty}\frac{1}{T}\sum_{t=1}^{T} p_t^\pi(s''|s) = p^{\pi,c}(s''|s) \qquad (5.4)$$

となる。式 (5.3), (5.4) より

$$\sum_{s'\in S} p^\pi(s'|s)g^\pi(s') = \sum_{s'\in S} p^\pi(s'|s)\sum_{s''\in S} p^{\pi,c}(s''|s')r^\pi(s'')$$
$$= \sum_{s''\in S} p^{\pi,c}(s''|s)r^\pi(s'') = g^\pi(s) \qquad (5.5)$$

となる。

以下

$$g^\pi(s) = \sum_{s'\in S} p_t^\pi(s'|s)g^\pi(s') \qquad (5.6)$$

を示す。$t=1$ のときは式 (5.5) より成立する。$t=t'-1$ について式 (5.6) が成り立つとすると $t=t'$ について

$$\sum_{s'\in S} p_{t'}^\pi(s'|s)g^\pi(s') = \sum_{s'\in S}\sum_{s''\in S} p^\pi(s''|s)p_{t'-1}^\pi(s'|s'')g^\pi(s')$$
$$= \sum_{s''\in S} p^\pi(s''|s)\sum_{s'\in S} p_{t'-1}^\pi(s'|s'')g^\pi(s')$$
$$= \sum_{s''\in S} p^\pi(s''|s)g^\pi(s'') = g^\pi(s) \qquad (5.7)$$

となる。帰納法より，すべての t について式 (5.6) が成り立つ。

2.9 節のマルコフ報酬過程の結果よりつぎの定理が成り立つ。

定理 5.3　$\{p^{\pi,c}(s'|s); s, s'\in S\}$ がすべての $s\in S$ について確率的であるとする。このとき，状態 s と s' が政策 π の下で同じクラスに属するなら

ば，$g^\pi(s) = g^\pi(s')$ である。政策 π の下で既約なマルコフ連鎖を構成するなら，$g^\pi(s)$ はすべての状態についてある定数 g^π となる。

5.3 相対値と平均利得

定常マルコフ政策 π の下での状態 $s \in S$ の**相対値**（bias, relative value とも呼ぶ）$h^\pi(s)$ をつぎの式で定義する。政策 π の下で構成されるマルコフ連鎖が非周期的であるとき

$$h^\pi(s) = E^\pi\left[\sum_{t=0}^{\infty}\{r(s_t, a_t) - g^\pi(s_t)\}|s_0 = s\right] \tag{5.8}$$

とする。マルコフ連鎖が周期的のときは，Cesaro 収束を用いて

$$h^\pi(s) = \lim_{T\to\infty}\frac{1}{T}\sum_{t=0}^{T-1}E^\pi\left[\sum_{k=0}^{t-1}\{r(s_k, a_k) - g^\pi(s_k)\}\right]$$

とする。以下，非周期的である場合について議論する。

式 (5.8) より

$$h^\pi(s) = \sum_{t=0}^{\infty}\sum_{s_t\in S}p_t^\pi(s_t|s)(r^\pi(s_t) - g^\pi(s_t)) \tag{5.9}$$

であり，また，式 (5.3), (5.6) より

$$h^\pi(s) = \sum_{t=0}^{\infty}\sum_{s_t\in S}(p_t^\pi(s_t|s) - p^{\pi,c}(s_t|s))r^\pi(s_t) \tag{5.10}$$

となる。

$$\begin{aligned}&\sum_{s'\in S}p^\pi(s'|s)h^\pi(s')\\&\quad=\sum_{t=0}^{\infty}\sum_{s'\in S}p^\pi(s'|s)\left\{\sum_{s''\in S}p_t^\pi(s''|s')r^\pi(s'')-\sum_{s''\in S}p^{\pi,c}(s''|s')r^\pi(s'')\right\}\end{aligned}$$

$$
=\sum_{t=0}^{\infty}\left\{\sum_{s''\in S}p_{t+1}^{\pi}(s''|s)r^{\pi}(s'')-\sum_{s'\in S}p^{\pi}(s'|s)\sum_{s''\in S}p^{\pi,c}(s''|s')r^{\pi}(s'')\right\}
$$

であり，式 (5.4) を用いて

$$
\begin{aligned}
&\sum_{s'\in S}p^{\pi}(s'|s)h^{\pi}(s') \\
&\quad=\sum_{t=0}^{\infty}\left\{\sum_{s''\in S}p_{t+1}^{\pi}(s''|s)r^{\pi}(s'')-\sum_{s''\in S}p^{\pi,c}(s''|s)r^{\pi}(s'')\right\} \\
&\quad=\sum_{t=0}^{\infty}\left\{\sum_{s''\in S}p_{t}^{\pi}(s''|s)r^{\pi}(s'')-\sum_{s''\in S}p^{\pi,c}(s''|s)r^{\pi}(s'')\right\} \\
&\qquad-\left\{r^{\pi}(s)-\sum_{s''\in S}p^{\pi,c}(s''|s)r^{\pi}(s'')\right\}
\end{aligned}
$$

となる。式 (5.3), (5.10) より

$$
\sum_{s'\in S}p^{\pi}(s'|s)h^{\pi}(s')=h^{\pi}(s)-r^{\pi}(s)+g^{\pi}(s)
$$

を得る。これより

$$
g^{\pi}(s)+h^{\pi}(s)=r^{\pi}(s)+\sum_{s'\in S}p^{\pi}(s'|s)h^{\pi}(s') \tag{5.11}
$$

を得る。

さらに，式 (5.2), (5.5), (5.6), (5.9) より

$$
\begin{aligned}
&h^{\pi}(s) \\
&\quad=\sum_{t=0}^{T-1}\sum_{s_t\in S}p_{t}^{\pi}(s_t|s)\{r^{\pi}(s_t)-g^{\pi}(s_t)\} \\
&\qquad+\sum_{t=T}^{\infty}\sum_{s_t\in S}p_{t}^{\pi}(s_t|s)\{r^{\pi}(s_t)-g^{\pi}(s_t)\} \\
&\quad=\sum_{t=0}^{T-1}\sum_{s_t\in S}p_{t}^{\pi}(s_t|s)r^{\pi}(s_t)-\sum_{t=0}^{T-1}\sum_{s_t\in S}p_{t}^{\pi}(s_t|s)g^{\pi}(s_t)
\end{aligned}
$$

$$+\sum_{t=T}^{\infty}\sum_{s_t\in S}\{p_t^{\pi}(s_t|s)-p^{\pi,c}(s_t|s)\}r^{\pi}(s_t)$$
$$=\sum_{t=0}^{T-1}\sum_{s_t\in S}p_t^{\pi}(s_t|s)r^{\pi}(s_t)-Tg^{\pi}(s)$$
$$+\sum_{t=T}^{\infty}\sum_{s_t\in S}\{p_t^{\pi}(s_t|s)-p^{\pi,c}(s_t|s)\}r^{\pi}(s_t)$$

となり

$$V_T^{\pi}(s)=E^{\pi}\left[\sum_{t=0}^{T-1}r^{\pi}(s_t)\right]=\sum_{t=0}^{T-1}\sum_{s'\in S}p_t^{\pi}(s'|s)r^{\pi}(s') \tag{5.12}$$

と置くと

$$V_T^{\pi}(s)=Tg^{\pi}(s)+h^{\pi}(s)-\sum_{t=T}^{\infty}\sum_{s_t\in S}\{p_t^{\pi}(s_t|s)-p^{\pi,c}(s_t|s)\}r(s_t) \tag{5.13}$$

を得る。右辺の最後の項は $T\to\infty$ とすると 0 に近付くことを示すことができるため，$h^{\pi}(s)$ は，総期待利得 $V_T^{\pi}(s)$ と $Tg^{\pi}(s)$ の差分の極限と考えられる。

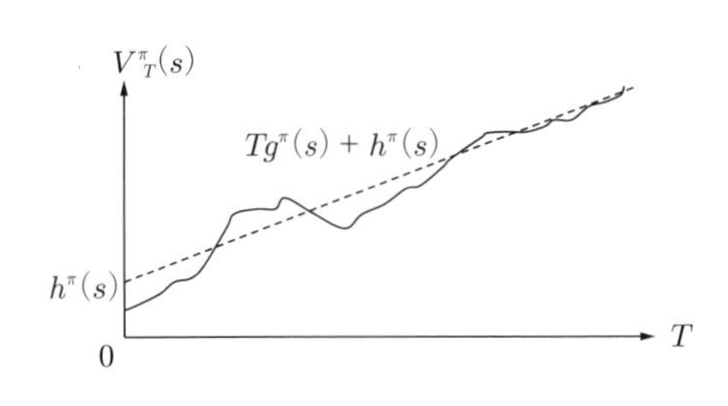

図 5.5　総期待利得と相対値の関係

図 5.5 は，この関係を表している。直線は，T までの総期待利得 $V_T^{\pi}(s)$ に関する漸近線を表している。時間 T の経過とともに，$V_T^{\pi}(s)$ は傾き $g^{\pi}(s)$ に近付く。$h^{\pi}(s)$ は初期状態 s による $V_T^{\pi}(s)$ の値の差（相対値）の極限値を表しており，この図の漸近線の切片に対応している。

s と s' が政策 π の下で同じクラスに属しているならば，$g^{\pi}(s)=g^{\pi}(s')$ となる。したがって，式 (5.13) より

$$h^{\pi}(s)-h^{\pi}(s')=\lim_{T\to\infty}(V_T^{\pi}(s)-V_T^{\pi}(s')) \tag{5.14}$$

となる。

g^π, h^π を政策 π における平均利得規範の下での平均利得 $g^\pi(s)$, 相対値 $h^\pi(s)$ から成る縦ベクトルとする。さらに，政策 π における推移確率行列を P^π とする。また $p^{\pi,c}(s'|s)$ を s 行 s' 列要素とする確率行列を $P^{\pi c}$ とする。さらに r^π を $r(s,\pi(s))$ を要素とする縦ベクトルとすると，前節の式 (5.3), (5.6) と式 (5.11) からつぎの定理を得る。

定理 5.4

$$g^\pi = P^\pi g^\pi = (P^\pi)^n g^\pi, \quad n = 1, 2, \cdots$$

$$g^\pi = P^{\pi c} r^\pi$$

$$g^\pi + h^\pi = r^\pi + P^\pi h^\pi$$

が成り立つ。

5.4 総割引期待利得と平均利得の関係

政策 $\pi \in \Pi$ における割引率 $\gamma(0 < \gamma < 1)$ の総割引期待利得を

$$V_\gamma^\pi(s) = E^\pi \left[\sum_{t=0}^{\infty} \gamma^t r(s_t, a_t) | s_0 = s \right]$$

とする。

定常な決定性マルコフ政策 $\pi \in \Pi_{m,d}$ において，状態 $s \in S$ における決定を $\pi(s)$ とすると式 (4.3) より

$$V_\gamma^\pi(s) = r(s, \pi(s)) + \gamma \sum_{s' \in S} p(s'|s, \pi(s)) V_\gamma^\pi(s') \tag{5.15}$$

となる。V_γ^π, r^π をそれぞれ $V_\gamma^\pi(s)$, $r(s,\pi(s))$ を要素とする縦ベクトルとし，I を単位行列とすると，式 (5.15) より

$$(I - \gamma P^\pi) V_\gamma^\pi = r^\pi$$

となる。$0 < \gamma < 1$ より，状態空間が有限のときは逆行列 $(I - \gamma P^\pi)^{-1} = \sum_{n=0}^{\infty} \gamma^n (P^\pi)^n$ が存在することを示すことができ

$$V_\gamma^\pi = (I - \gamma P^\pi)^{-1} r^\pi$$

となる。この式は定常なマルコフ政策以外の政策 $\pi \in \Pi$ でも同様に成り立つ。

Laurent 展開を用いると，つぎの結果を得ることが知られている（証明は Puterman[24] p.341-342, 系 8.2.4, 8.2.5 を参照のこと）。

定理 5.5　状態空間 S を有限とし，$r(s,a)$ がすべての $s \in S, a \in A(s)$ について有界であるならば，政策 $\pi \in \Pi$ に対し

$$V_\gamma^\pi(s) = \frac{1}{1-\gamma} g^\pi(s) + h^\pi(s) + m(\gamma)$$

ここで, $m(\gamma)$ は $\gamma \uparrow 1$ のとき 0 に収束するベクトルである。すなわち $\gamma \uparrow 1$ のとき

$$g^\pi(s) = \lim_{\gamma \uparrow 1} (1-\gamma) V_\gamma^\pi(s), \quad s \in S$$

が成り立つ。

直感的には，同じ政策 π の下では長期的に見て平均利得が g^π となるので，無限期間総割引期待利得でみると時間の経過とともに γ で割り引かれるため $\sum_{t=0}^{\infty} \gamma^t g^\pi = \frac{1}{1-\gamma} g^\pi$ となり，初期状態による $V_\gamma^\pi(s)$ の値の差は平均利得と同様に $h^\pi(s)$ 程度であることを示している。

状態空間が有限で, 政策 π が複数の状態に関する閉じたクラス $C_1, C_2, \cdots, C_k$ を持つとする。初期状態 $s \in S$ がクラス $C_l (l = 1, 2, \cdots, k)$ に属するならば，そのクラスに関する期待利得 g_l^π が存在して $g^\pi(s) = g_l^\pi$ となる。初期状態 s が一時的なクラス R に属しているならば，2 章の結果より閉じたクラス l に到達する確率 $\tilde{f}_{s,l}^*$ を用いて $g^\pi(s) = \sum_{l=1}^{k} \tilde{f}_{s,l}^* g_l^\pi$ となる。

■ 最適政策の関係

総割引期待利得規範において，状態 $s \in S$ について，$h_\gamma(s)$ を状態 $0 \in S$ を基準に

$$h_\gamma(s) = V_\gamma^*(s) - V_\gamma^*(0)$$

と定義する。最適性方程式が

$$V_\gamma^*(s) = \max_{a \in A(s)} \left\{ r(s,a) + \gamma \sum_{s' \in S} p(s'|s,a) V_\gamma^*(s') \right\}$$

であることから

$$h_\gamma(s) + V_\gamma^*(0) = \max_{a \in A(s)} \left\{ r(s,a) + \gamma \sum_{s' \in S} p(s'|s,a)(h_\gamma(s') + V_\gamma^*(0)) \right\}$$

したがって

$$h_\gamma(s) + (1-\gamma) V_\gamma^*(0) = \max_{a \in A(s)} \left\{ r(s,a) + \gamma \sum_{s' \in S} p(s'|s,a) h_\gamma(s') \right\}$$

となる。

Sennott[30)]（p.99 命題 6.2.3, p.101 定理 6.2.1）は，つぎの結果を示している。状態空間，決定空間ともに有限としているので，定常な決定性マルコフ政策は有限個であることに注意しよう。

定理 5.6　　状態空間が有限とする。

(a)　ある $\gamma_0 \in (0,1)$ と定常な決定性マルコフ政策 $\pi^* \in \Pi_{m,d}$ が存在し，π^* はすべての $\gamma \in (\gamma_0, 1)$ について割引率 γ を持つ割引総期待利益最大化問題において最適である。

(b)　政策 π^* は平均利得規範において最適である。

(c)　$g^*(s) = \lim_{\gamma \uparrow 1} (1-\gamma) V_\gamma^*(s) = \lim_{N \to \infty} \frac{1}{N} E^{\pi^*} \left[\sum_{n=0}^{N-1} r(s_n, a_n) \right]$

(d)　$w(s)$ を政策 π^* における相対値であるとするとき

$$g^*(s) + w(s) = r(s, \pi^*(s)) + \sum_{s \in S} p(s'|s, \pi^*(s))w(s')$$
$$\leq \max_{a \in A(s)} \left\{ r(s, a) + \sum_{s' \in S} p(s'|s, a)w(s') \right\} \tag{5.16}$$

が成り立つ。

(e)　定常政策 f が式 (5.16) の右辺を最大化する定常マルコフ政策で，それにより帰着されるマルコフ連鎖が状態 s で正再帰であるならば，式 (5.16) の不等式は等号で成立する。また，$g^f(s) = g^*(s)$ である。

(b) より，状態空間と決定空間が有限のとき，最適な定常決定性マルコフ政策が存在することがわかる。

式 (5.16) は，平均利得規範における一般的な最適性方程式であるといえるが，これまで示してきた最適性方程式と異なり不等号が存在している。実際，式 (5.16) を最大化する政策であっても平均利得規範の下で最適政策にならない場合が示されている（Sennott[30] p.105 例 6.3.2）。

次節以降で，単一連鎖とそれ以外の場合で最適性方程式が異なる式として定義される。

これまで，最適政策の下で平均利得が初期状態に依存する場合も考慮してきた。実際，最適政策の下で二つの再帰的なクラスを持つことがないとはいえない。一方で，$g^*(s)$ がすべての状態で同じ値になることが保証されると，問題は扱いやすくなると考えられる。以下の定理が成り立つ（証明は Sennott[30] p.108 命題 6.4.1 等）。

定理 5.7　　状態空間が有限であるとする。つぎの六つの記述を定義する。

(a)　すべての決定性定常マルコフ政策は唯一の閉じたクラスを持つ（次節で述べる単一連鎖（unichain）である）。

(b)　最適な決定性定常マルコフ政策は単一連鎖である（次節以降で述べる

weak unichain)。

(c) ある状態 $s^* \in S$ と有限の定数 L が存在し，すべての $s \in S, \gamma \in (0,1)$ について $|V_\gamma^*(s) - V_\gamma^*(s^*)| \leqq L$ である。

(d) 各状態 $s' \in S$ に対して，有限の定数 L が存在し，すべての $s \in S, \gamma \in (0,1)$ について $|V_\gamma^*(s) - V_\gamma^*(s')| \leqq L$ である。

(e) 状態の組 $s, s' \in S$ が与えられたとき，ある定常決定性マルコフ政策 $\pi_{s,s'}$ が存在して，その政策の下で状態 $s \in S$ から状態 $s' \in S$ に到達可能である（次節で述べる communicating に当たる）。

(f) すべての状態 $s \in S$ について最適利得 $g^*(s)$ は同じ値を持つ。

このとき，つぎの関係式が成り立つ。特に，(a) から (e) のいずれかが成り立てば (f) が成り立つ。

$(a) \Rightarrow (b) \Rightarrow (c)$, $(c) \Leftrightarrow (d) \Leftrightarrow (f)$, $(e) \Rightarrow (f)$。

【証明】 (e) ならば (f) のみを示す。それ以外の証明は Sennott[30] を参照すること。

最適な定常政策 π^* の下で m 個の正再帰的なクラスが存在し，クラス C_k の平均利得が g_k であるとする $(k = 1, 2, \cdots, m)$。$g_{\min}$ を g_k の最小値，$g_{\max}$ を g_k の最大値とする。また，$g_{\max}$, $g_{\min}$ に対応するクラスに属する状態をそれぞれ一つ選び $s_{\max}$, $s_{\min}$ とする。条件 (e) より，$s_{\min}$ から $s_{\max}$ へ到達可能な政策 $\hat{\pi}$ が存在する。すなわち，ある $n > 0$ について $p_n^{\hat{\pi}}(s_{\max}|s_{\min}) > 0$ である。

各初期状態 $s \in S$ について割引率 γ の問題に関する最適値関数を $V_\gamma^*(s)$ とすると

$$
\begin{aligned}
V_\gamma^*(s) &\geqq r(s, \hat{\pi}(s)) + \gamma \sum_{s' \in S} p(s'|s, \hat{\pi}(s)) V_\gamma^*(s') \\
&\geqq r(s, \hat{\pi}(s)) + \gamma \sum_{s' \in S} p(s'|s, \hat{\pi}(s)) r(s', \hat{\pi}(s')) \\
&+ \gamma^2 \sum_{s'' \in S} p_2^{\hat{\pi}}(s''|s) V_\gamma^*(s'') \\
&\geqq \cdots \\
&\geqq E^{\hat{\pi}} \left[\sum_{k=0}^{n-1} \gamma^t r_t | s_0 = s \right] + \gamma^n \sum_{s' \in S} p_n^{\hat{\pi}}(s'|s) V_\gamma^*(s')
\end{aligned}
$$

となる。したがって，$s = s_{\min}$ と置くと

$$
\begin{aligned}
&(1-\gamma)V_\gamma^*(s_{\min}) \\
&\geqq (1-\gamma)E^{\hat{\pi}}\left[\sum_{k=0}^{n-1}\gamma^t r_t|s_0=s_{\min}\right]+\gamma^n\sum_{s'\in S}p_n^{\hat{\pi}}(s'|s_{\min})(1-\gamma)V_\gamma^*(s')
\end{aligned}
$$

となる。定理 5.6(c) より $\gamma\uparrow 1$ のとき，左辺は $g_{\min}$ となる。右辺の第 1 項は 0 になり，第 2 項は少なくとも以下の式以上となる。

$$
p_n^{\hat{\pi}}(s_{\max}|s_{\min})g_{\max}+(1-p_n^{\hat{\pi}}(s_{\max}|s_{\min}))g_{\min}
$$

したがって，$g_{\max}>g_{\min}$ とすると $p_n^{\hat{\pi}}(s_{\max}|s_{\min})=0$ となり矛盾する。したがって $g_{\max}=g_{\min}$ となり，結果を得る。

5.5 マルコフ決定過程の分類

割引期待利得問題とは異なり，平均利得の場合は推移確率行列が持つ構造，特に 2 章で述べた状態に関する閉じたクラスの個数が最適政策と関わってくる。

政策の下でのクラスの存在によりマルコフ決定過程はつぎの場合に分けられる（Puterman[24] p.348, Howard[17], Bather[7]）。

1)　**recurrent（ergodic）**：どの決定性定常政策においても，推移確率行列は一つの再帰的クラスから成る。

2)　**unichain（単一連鎖）**：どの決定性定常政策においても，推移確率行列は一つの再帰的クラスのみから成る，あるいは，一つの再帰的クラスと一時的状態から成る。

3)　**communicating**：任意の状態の組 $(s,\ s')$ $(s,s'\in S)$ を与えたとき，s から s' に到達可能な決定性定常政策が存在する。

4)　**weakly communicating**：ある閉じた状態部分集合 $S'(\subset S)$ について，状態 $s\in S'$ ごとに，s 以外の S' 内の状態 s' から s に到達可能となる決定性定常政策が存在する（S' を connected class と呼ぶ）。S' に属さない状態が存在する場合，それらの状態はすべての政策の下で一時的である。

5) **multichain**（**多重連鎖**）：ある定常政策の下で二つ以上の閉じた再帰的クラスが存在する。

1) → 2), 1) → 3), 2) → 4), 3) → 4) が成り立つ。3) であり 5) である，4) であり 5) である場合も存在する。multichain は unichain や recurrent と明確に区別される。また，（weakly）communicating と multichain の間には包含関係はない。weakly communicating については Platzman[21] は simply connected と呼んでいる。

例 5.4 （Puterman[24] p.350）**図 5.6** にいくつか例を示す。

(a) unichain であり，communicating である。

(b) unichain であり，weakly communicating である。

(c) multichain であり，communicating である。

(d) multichain であるが，weakly communicating ではない。

(e) multichain であり，weakly communicaiting である。

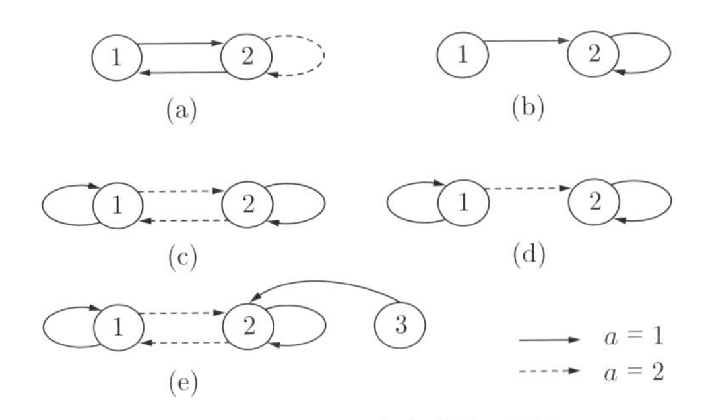

図 5.6 マルコフ決定過程の分類

例えば，(e) において，状態 1, 2, 3 の決定を 1 とすれば二つの閉じたクラス $\{1\}, \{2\}$ を持つため multichain である。状態 2 から 3 に到達可能な政策は存在しないため communicating ではない。状態 1, 2 については，1 から 2, 2 から 1 に到達可能となる政策は存在する（各状態で決定 2 をとる政策である）。状

態 3 はどのような定常決定性マルコフ政策をとっても一時的である。したがって，weakly commnicating である。

weakly communicating である問題において，つぎの結果を得る（証明は Puterman[24] p.351 定理 8.3.2 等）。

定理 5.8　　モデルが weakly commnicating であるとする。

(a)　定常決定性マルコフ政策 $\pi \in \Pi_{m,d}$ において $g^{\pi}(s) < g^{\pi}(s')$ となるならば，ある定常決定性マルコフ政策 $\pi' \in \Pi_{m,d}$ が存在して $g^{\pi'}(s) = g^{\pi'}(s') \geqq g^{\pi}(s')$ となる。

(b)　定常な最適政策が存在するならば，すべての初期状態について平均利得が一定となる最適な定常決定性マルコフ政策が存在する。

定理 5.6 が示すように，状態空間，決定空間が有限のときは，最適な定常決定性マルコフ政策が存在するので，weakly communicating のときは最適な決定性定常マルコフ政策の下では平均利得は初期状態によらず定数となる。

最適政策（または近似最適政策）を求めるには，unichain（単一連鎖）の場合とそれ以外を分けて考える必要がある。単一連鎖の場合は，2 章の結果よりどの決定性マルコフ政策においても定常確率や平均利得が唯一定まる。一方，multichain（多重連鎖）の場合は，政策によっては複数の閉じたクラスを持つ。このことが計算方法を複雑にしている。

5.6 計算アルゴリズム（単一連鎖の場合）

この節では，unichain の場合を考える。したがって，任意の定常決定性マルコフ政策 π の下で単一連鎖を形成する。

状態空間を有限とする。このとき 2.6 節より，唯一の定常分布 $\{p^{\pi}(s)|s \in S\}$ を持つ。すなわち

$$p^\pi(s) = \sum_{s' \in S} p^\pi(s') p(s|s', \pi(s')), \quad s \in S, \quad \sum_{s \in S} p^\pi(s) = 1 \tag{5.17}$$

が成り立つ。このとき，2.9 節の結果から，政策 π の下での平均利得を g^π とすると

$$g^\pi = \sum_{s \in S} p^\pi(s) r(s, \pi(s)) \tag{5.18}$$

が成り立つ。

$\hat{s} \in S$ を政策 π の下で正再帰的である状態とする。また，$T^\pi(s)$ を任意の状態 $s \in S$ からつぎの期以降状態 $\hat{s}$ に到達するまでの平均再帰時間とする。さらに，$R^\pi(s)$ をその間に受けとる総期待利得とする。このとき，2.8 節の再生報酬過程の結果から

$$g^\pi = R^\pi(\hat{s}) / T^\pi(\hat{s})$$

である。$h^\pi(s)$ を

$$h^\pi(s) = R^\pi(s) - g^\pi T^\pi(s), \quad s \in S$$

と定義する。$h^\pi(\hat{s}) = 0$ であることに注意する。

式 (5.11) に関して，unichain の場合についてより理解を深めるために以下議論をする。

定理 5.9　状態空間 S が有限であり，モデルが unichain であるとする。定常決定性マルコフ政策 π に対し，$g^\pi, h^\pi(s) (s \in S)$ はつぎの方程式を満たす。

$$g + v(s) = r(s, \pi(s)) + \sum_{s' \in S} p(s'|s, \pi(s)) v(s') \tag{5.19}$$

さらに，この方程式を満たす解は任意の定数 k を用いて $g = g^\pi, v(s) = h^\pi(s) + k$ と表現できる。

【証明】　条件付き期待値から

$$T^\pi(s) = 1 + \sum_{s' \in S, s' \neq s} p(s'|s, \pi(s)) T^\pi(s')$$

$$R^\pi(s) = r(s, \pi(s)) + \sum_{s' \in S, s' \neq s} p(s'|s, \pi(s)) R^\pi(s')$$

が成り立つ。第 1 式に両辺 g^π を掛けてから両式の差をとることにより

$$h^\pi(s) = r(s, \pi(s)) - g^\pi + \sum_{s' \in S, s' \neq s} p(s'|s, \pi(s)) h^\pi(s')$$

となる。このことより，$g^\pi, h^\pi(s) (s \in S)$ は式 (5.19) を満たす。

$(g, v(s)), (g', v'(s))$ が式 (5.19) を満たすとする。$(g, v(s))$ について両辺に $p^\pi(s)$ をかけて s について和をとると

$$\sum_{s \in S} p^\pi(s) g + \sum_{s \in S} p^\pi(s) v(s) = \sum_{s \in S} p^\pi(s) r(s, \pi(s)) + \sum_{s \in S} p^\pi(s) \sum_{s' \in S} p(s'|s, \pi(s)) v(s')$$

となる。式 (5.18), (5.17) を用いることにより

$$g = \sum_{s \in S} p^\pi(s) r(s, \pi(s)) = g^\pi$$

を得る。同様に $(g', v'(s))$ について計算することにより

$$g' = \sum_{s \in S} p^\pi(s) r(s, \pi(s))$$

となる。すなわち $g = g' = g^\pi$ を得る。

v, v' が式 (5.19) を満たすことから

$$v(s) - v'(s) = \sum_{s' \in S} p(s'|s, \pi(s))(v(s') - v'(s'))$$

となる。$m(s) = v(s) - v'(s)$ とすると

$$m(s) = \sum_{s' \in S} p^\pi(s'|s) m(s')$$

$$\sum_{s' \in S} p_2^\pi(s'|s) m(s') = \sum_{s' \in S} \sum_{s'' \in S} p^\pi(s''|s) p^\pi(s'|s'') m(s') = \sum_{s'' \in S} p^\pi(s''|s) \sum_{s' \in S} p^\pi(s'|s'') m(s')$$

$$= \sum_{s'' \in S} p^{\pi}(s''|s) m(s'')$$
$$= m(s)$$

となり，すべての $t \geqq 1$ について

$$m(s) = \sum_{s' \in S} p_t^{\pi}(s'|s) m(s')$$

が成り立つことがわかる。すべての t について和をとり Cesaro 極限をとると

$$m(s) = \sum_{s' \in S} p^{\pi,c}(s'|s) m(s')$$

となる。unichain であり，状態数有限であることから，2.6 節のマルコフ連鎖の結果より $p^{\pi,c}(s'|s)$ は s に依存しない。したがって，ある定数 k を用いて $m(s) = k$ と表すことができる。したがって $v(s)$ と $v'(s)$ の差は s に依存しないある定数となる。$h^{\pi}(s)$ が式 (5.19) を満たすことから結果を得る。

unichain の下では，2.9 節より最適政策において初期状態によらず平均利得が定数 g となる。式 (5.16) の $w(s)$ を $h(s)$ と置き換えて，以下の**最適性方程式**を得る。定理 5.6, 5.9 より，最適定常決定性マルコフ政策において右辺の最大化を達成することに注意する。

$$g + h(s) = \max_{a \in A(s)} \left\{ r(s,a) + \sum_{s' \in S} p(s'|s,a) h(s') \right\} \tag{5.20}$$

定理 5.10　状態空間 S が有限であり，モデルが unichain であるとする。このとき，最適性方程式を満たす定数 g と関数 $h(s)$ $(s \in S)$ が存在する。定理 5.6 より式 (5.20) の右辺を最大にする定常決定性マルコフ政策は最適である。

最適性方程式を $(g, \{h(s); s \in S\})$ が満たすとき，定数 k を $h(s)$ に加えた $(g, \{h(s) + k, s \in S\})$ も最適性方程式を満たすことに注意する。

なお，状態空間が可算無限のときは，以下の定理が成り立つ（証明は Ross[25] p.146 定理 6.18 等）。

定理 5.11 状態が可算無限であり，モデルが unichain であるとする。

(a) もしすべての $\gamma \in (0,1)$ とすべての状態 $s \in S$ について

$$|V_\gamma^*(s) - V_\gamma^*(s_0)| \leq N$$

となるある状態 $s_0 \in S$ と定数 $N < \infty$ が存在するならば，最適性方程式 (5.20) を満たす有界の関数 $h(s)$ と定数 g が存在する。また，右辺を最大化する決定 $a \in A(s)$ をとる定常マルコフ政策は最適政策である。

(b) ある状態 s_0 を選び，$m(s, s_0, \gamma)$ を割引率 γ において最適な定常政策 π_γ^* の下での状態 s から s_0 への平均初到達時間とする。ある有限の定数 $M < \infty$ を用いて，すべての $\gamma < 1$ について $m(s, s_0, \gamma) < M$ が成り立つならば，(a) の条件を満足する。

以下，unichain の下で最適政策を求めるアルゴリズムを示す。状態空間は有限であるとする。

5.6.1 値 反 復 法

unichain の下で ε 最適政策を求める**値反復法**を示す。以下において，$sp(f(s))$ を関数の span と呼び，以下の式で定義される。

$$sp(f(s)) = M(f(s)) - m(f(s))$$

ここで $M(f(s)) = \max_{s \in S} f(s)$, $m(f(s)) = \min_{s \in S} f(s)$ とする。

値反復法

1. 関数 $v^0(s)$ $(s \in S)$ を選び（通常 $v^0(s) = 0$ とする），$\varepsilon > 0$ を設定する。$n = 0$ とする。

2. 各 $s \in S$ に対して，$v^{n+1}(s)$ を次式により計算する。

$$v^{n+1}(s) = \max_{a \in A(s)} \{r(s,a) + \sum_{s' \in S} p(s'|s,a) v^n(s')\}, \ s \in S$$

3. $sp(v^{n+1}(s) - v^n(s)) \leqq \varepsilon$ ならば 4. へ，そうでなければ n を 1 増やして 2. に戻る。

4. 各 $s \in S$ について

$$\pi^*(s) = \max_{a \in A(s)} \{r(s,a) + \sum_{s' \in S} p(s'|s,a) v^n(s')\}, \ s \in S$$

として $\pi^*(s)$ を出力し終了する。

ただし，周期を持つマルコフ連鎖を形成する場合について，値反復法が収束しない例が存在する（Puterman[24] p. 367 例 8.5.3）。

非周期の場合は，つぎの定理が成り立つ（証明は Puterman[24] p. 370 定理 8.5.4, 8.5.6 等）。

定理 5.12　(a)　すべての定常政策の下で unichain であり，すべての最適政策が非周期の推移確率行列を持つとする。このとき，任意の v^0 と $\varepsilon > 0$ について，値反復法を適用したとき，有限の反復回数で収束する。

(b)　定常決定性マルコフ政策 $\pi^*(s)$ は ε 最適政策である。すなわち，$0 \leqq g^* - g^{\pi^*} < \varepsilon$

Tijms[38] は，つぎの weak unichain の仮定の下でこのアルゴリズムが収束することを述べている。

weak unichain：最適定常政策の下で，二つ以上の閉じたクラスを持たない。

この仮定を用いて，つぎの定理を得る（証明は Tijms[38] p.262 定理 6.6.2 を参照のこと）。

定理 5.13　weak unichain の仮定を満たし，かつ最適な定常政策は非周期であるとする。有限の定数 $\alpha > 0$, $\beta \in (0,1)$ において，$sp(v^{n+1}(s) -$

$v^n(s)) \leqq \alpha\beta^n$, $n \geqq 1$ が成り立つ。特に，$n \to \infty$ のとき，$M(v^{n+1}(s) - v^n(s)) \to g^*$, $m(v^{n+1}(s) - v^n(s)) \to g^*$ である。

ある定常マルコフ政策の下で周期的な推移確率行列になると考えられる場合は，ある定数 $\tau(0 < \tau < 1)$ を用いて以下の変換をするとよい（Federgruen ad Schweitzer[14)]）。

$$\bar{r}(s,a) = \tau r(s,a),\ a \in A(s),\ s \in S$$

$$\bar{p}(s'|s,a) = \tau p(s'|s,a), a \in A(s),\ s' \neq s \in S$$

$$\bar{p}(s|s,a) = 1 - \tau + \tau p(s|s,a),\ a \in A(s),\ s \in S$$

各状態 $s \in S$ について，自身に戻る確率を必ず正であるとしている。このことは，任意の定常マルコフ政策の下で過程は非周期的であることを保証している。これより以下の定理を得る（証明は Puterman[24)] p. 372 系 8.5.9 等）。

定理 5.14　上記の変換後の最適定常政策は元の問題の最適定常政策と一致し，変換後の最適平均利得は $\bar{g^*} = \tau g^*$ である。

この定理より，周期的な政策が存在して収束しないときは上記の方法を用いて過程を非周期にすればよい。

White[40)]，Schweitzer[29)] は定理 5.12 の仮定の下で収束する別の方法を示している。

ある状態（仮に状態 N）において $v^n(N) = 0$ とする。つぎの式で反復する。$v^0(s) = 0$ とする。

$$g^n = \max_{a \in A(N)} \{r(N,a) + \sum_{s' \neq N} p(s'|N,a) v^n(s')\}$$

$$v^{n+1}(s) = \max_{a \in A(s)} \{r(s,a) - g^n + \sum_{s' \neq N} p(s'|s,a) v^n(s')\},$$

$$s \in S(s \neq N)$$

この計算法において，定理 5.12 の条件の下で，$n \to \infty$ のとき $g^n \to g$, $v^n \to h(s) - h(N)$ となる。g, $h(s)$ は最適性方程式の解である。

5.6.2 政策反復法

割引期待規範同様，平均利得を最大化する政策を求める**政策反復法**が存在する。

政策反復法

1. $n = 0$ とし，初期決定性マルコフ政策 $\pi_0 \in \Pi_{m,d}$ を選択する。
2. つぎの連立 1 次方程式を解いて g_n, h_n を求める。

$$g_n + h_n(s) = r(s, \pi_n(s)) + \sum_{s' \in S} p(s'|s, \pi_n(s)) h_n(s'),\ s \in S$$

3. 決定性マルコフ政策 $\pi_{n+1} \in \Pi_{m,d}$ をつぎの式で求める。$s \in S$ において最大化するものが複数ある場合，$\pi_n(s)$ が最大化する決定である場合は $\pi_{n+1}(s) = \pi_n(s)$ とする。

$$\pi_{n+1}(s) = \arg \max_{a \in A(s)} \{r(s, a) + \sum_{s' \in S} p(s'|s, a) h_n(s')\},\ s \in S$$

4. すべての $s \in S$ において $\pi_{n+1}(s) = \pi_n(s)$ であるならば $\pi^*(s) = \pi_n(s)$ として終了する。そうでなければ $n+1$ を n として 2. に戻る。

なお，step 2 の式において $(g_n, h_n(s))$ が解であるならば定数 k について $(g_n, h_n(s)+k)$ も解になるため，ある固定した再帰的な状態 s_0 について $h_n(s_0) = 0$ と置く必要がある。再帰的な状態の集合は政策 π_n によって異なるが，どの政策でも必ず訪れる状態が存在すればその状態を選ぶ。自動車買換え問題では状態 N が該当する。そうでない場合は再帰的なクラスを調べる必要があるが，平均利益が高いと期待されるどのような政策でも訪れると期待される状態が存在すれば，それを s_0 と選ぶと優れた政策において再帰的な状態となることが多い。

政策反復法に関する収束性についてつぎの定理を得る（Puterman[24] p. 380 定理 8.6.2）。

定理 5.15　状態・決定空間が有限であり unichain であるとする。このとき政策反復法により有限回の反復で最適性方程式を満たす解に収束し，平均利得を最大にする決定性定常マルコフ政策を出力する。

communicating であるが unichain でない問題について unichain の政策反復法では解けない問題が存在する（Haviv and Puterman[16]）。unichain でない問題でも，このアルゴリズムで最適政策に収束することも実際には多いが，一般には unichain でない問題に上記の政策反復法を適用したとき最適政策を必ず得るという保証はない。

5.6.3 修正政策反復法

総割引期待費用規範と同様に，**修正政策反復法**が存在する。

修正政策反復法

1. 初期関数 V_0 を定める。$\varepsilon > 0$，非負整数列 $\{m_n\}$ を定める。$n = 0$ とする。

2. 決定性マルコフ政策 $\pi_{n+1} \in \Pi_{m,d}$ をつぎの式で求める。$s \in S$ において最大化するものが複数ある場合，$\pi_n(s)$ が最大化する決定の一つである場合は $\pi_{n+1}(s) = \pi_n(s)$ とする。

$$\pi_{n+1}(s) = \arg\max_{a\in A(s)} \{r(s,a) + \sum_{s'\in S} p(s'|s,a)V_n(s')\},\ s \in S$$

3. $k = 0$ とする。以下の式で $w_{n,0}$ を求める。

$$w_{n,0} = r(s, \pi_{n+1}(s)) + \sum_{s'\in S} p(s'|s, \pi_{n+1}(s))V_n(s'),\ s \in S$$

4. $sp(w_{n,k} - V_n) < \varepsilon$ のとき，8. に行く。

5. $k = m_n$ ならば 7. に行く。そうでなければ，つぎの式で $w_{n,k+1}$ を求める。

$$w_{n,k+1}(s) = r(s, \pi_{n+1}(s)) + \sum_{s' \in S} p(s'|s, \pi_{n+1}(s)) w_{n,k}(s'),\ s \in S$$

6. k を 1 増やす。5. に戻る。
7. $V_{n+1}(s) = w_{n,m_n}(s)$ とし n を 1 増やす。2. に戻る。
8. π_{n+1} を近似最適政策として出力する。

このとき，ある条件の下で有限回の反復で終了し，出力される政策が ε 最適であることが示されている（Puterman[24] p.387 定理 8.7.1）。

5.6.4 線形計画法

以下の問題を平均利得最大化問題に対する主線形計画問題と呼ぶ。

$$\begin{aligned} &\text{Minimize } g \\ &\text{subject to } g + h(s) - \sum_{s' \in S} p(s'|s,a) h(s') \geqq r(s,a), \quad a \in A(s),\ s \in S \end{aligned}$$

$g, h(s)$ は符号制約がないことに注意する。

この問題に対し，つぎの双対線形計画問題を考える。

$$\begin{aligned} &\text{Maximize } \sum_{s \in S} \sum_{a \in A(s)} r(s,a) x(s,a) \\ &\text{subject to } \sum_{a \in A(s)} x(s,a) - \sum_{s' \in S} \sum_{a \in A(s')} p(s|s',a) x(s',a) = 0,\ s \in S \\ &\sum_{s \in S} \sum_{a \in A(s)} x(s,a) = 1, \quad x(s,a) \geqq 0,\ \ a \in A(s),\ s \in S \end{aligned}$$

この問題についてつぎの定理を得る（Puterman[24] p. 397 系 8.5.7）。

定理 5.16　unichain であるとする。このとき，双対計画問題において最適な有限の基底解 $x^*(s,a)$ が存在し，つぎで定義される定常決定マルコフ政策は最適である。

$\sum_{a\in A(s)} x^*(s,a)>0$ となる s について，$x^*(s,a)>0$ となるある $a\in A(s)$ に対し $\pi^*(s)=a$ とする。

$\sum_{a\in A(s)} x^*(s,a)=0$ となる s については決定は任意である。

---

weak unichain に仮定を緩めてもこの定理が成立する（Denardo and Fox[13]，Tijms[38] p.252）。weak unichain のとき，$S_0=\{s\in S|\sum_{a\in A(s)} x^*(s,a)>0\}$ とすると，S_0 に属さない状態 $s\in S$ が存在するときがある。この状態については，$p(s'|s,a)>0$ $(s'\in S_0)$ となる決定 $a\in A(s)$ を選び，$\pi^*(s)=a$ として状態 s を S_0 に追加する。これを繰り返すことにより，unichain である最適政策を求めることができる。

5.7 計算アルゴリズム（多重連鎖の場合）

多重連鎖（multichain）の場合，複数のクラスを持つ政策 π の下では初期状態により平均利得が異なる。すなわち，状態 s と s' が異なるクラスに属する場合，一般に $g^\pi(s)\neq g^\pi(s')$ となる。

多重連鎖では，単一連鎖の場合の最適性方程式 (5.20) を満たさない例が存在する。

例 5.5　（Puterman[24] p.443 例 9.1.1）

つぎの状態と決定を考える（図 **5.7** 参照）。

$$S=\{1,2,3\},\ A(1)=\{1,2\},\ A(2)=\{1,2\},\ A(3)=\{1\}$$

$$r(1,1)=3,\ r(1,2)=1,\ r(2,1)=0,\ r(2,2)=1,\ r(3,1)=2$$

$$p(1|1,1)=1,\ p(2|1,2)=1,\ p(2|2,1)=1,\ p(3|2,2)=1,\ p(3|3,1)=1$$

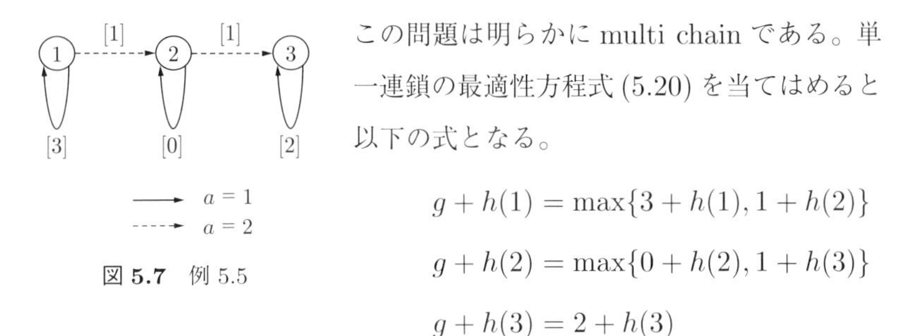

図 **5.7** 例 5.5

この問題は明らかに multi chain である。単一連鎖の最適性方程式 (5.20) を当てはめると以下の式となる。

$$g + h(1) = \max\{3 + h(1), 1 + h(2)\}$$

$$g + h(2) = \max\{0 + h(2), 1 + h(3)\}$$

$$g + h(3) = 2 + h(3)$$

最後の式から $g = 2$ を得るが，$g = 2$ は明らかに最初の式を満たしていない。実際，$1 + h(2) \leqq 3 + h(1)$ は第 1 式より不適である。$1 + h(2) > 3 + h(1)$ であるとすると，第 1 式から $h(2) = h(1) + 1$ となり矛盾する。

また，多重連鎖の場合は，最適政策の下でも平均利得が初期状態により異なることがある。

例 5.4 の (d) において，$r(1,1) = 3$, $r(1,2) = r(2,1) = 1$ とすると，状態 1 のとき決定 1，状態 2 のとき決定 1 をとる政策が最適となり，$g^*(1) = 3$, $g^*(2) = 1$ となる。この例では，weakly communicating ではなく，かつ multichain であり，定理 5.8 の条件を満たしていないことに注意する。

このことから，多重連鎖に対応する別の最適性方程式を考える必要がある。

以下の連立方程式を考えよう。一つ目の式は，平均利得がより大きくなるような状態のクラスに行くように決定をとることを示している。

$$g(s) = \max_{a \in A(s)} \sum_{s' \in S} p(s'|s,a) g(s') \tag{5.21}$$

$$g(s) + h(s) = \max_{a \in B(s)} \left\{ r(s,a) + \sum_{s' \in S} p(s'|s,a) h(s') \right\} \tag{5.22}$$

ここで，$B(s)$ は式 (5.21) の右辺を最大化するような決定 a の集合である。式 (5.21), (5.22) は**多重連鎖型最適性方程式**（multichain optimality equation）と呼ばれる。二つの式は互いに依存している。式 (5.21) の解により $B(s)$ が定まるが，式 (5.22) を解くには $g(s)$ を求める必要がある。

式 (5.22) の決定空間を $B(s)$ から $A(s)$ に置き換えるとつぎの式となる。

$$g(s)+h(s)=\max_{a\in A(s)}\left\{r(s,a)+\sum_{s'\in S}p(s'|s,a)h(s')\right\} \tag{5.23}$$

式 (5.21), (5.23) を多重連鎖に関する**修正最適性方程式** (modified optimality equation) という。

例 5.6 例 5.5 について修正最適性方程式を適用する。

$$g(1)=\max\{g(1),g(2)\}$$

$$g(2)=\max\{g(2),g(3)\}$$

$$g(3)=g(3)$$

$$g(1)+h(1)=\max\{3+h(1),1+h(2)\}$$

$$g(2)+h(2)=\max\{0+h(2),1+h(3)\}$$

$$g(3)+h(3)=2+h(3)$$

この解の一つとして，$g(1)=3$, $g(2)=g(3)=2$, $h(1)=0$, $h(2)=-1$, $h(3)=0$ を得る。

多重連鎖型最適性方程式と修正最適性方程式の間に以下の結果が存在する (Puterman[24) p.445 命題 9.1.1)。

補題 5.1 状態空間 S が有限であり，多重連鎖型最適性方程式を満たす $g^*(s), h^*(s)$ が存在するとする。このとき，ある定数 $M>0$ について $g^*(s)$ と $h^*(s)+Mg^*(s)$ は修正最適性方程式を満たす。

多重連鎖型最適性方程式は政策反復法に適用され，修正最適性方程式は線形計画法の適用の際に用いられる。

つぎの定理を得る (証明は Puterman[24) p.449-451 定理 9.1.6-9.1.8 を参照)。

定理 5.17 状態空間 S が有限であるとする。

(a) 多重連鎖型最適性方程式の解が存在する。また，修正最適性方程式を満たす解も存在する。

(b) $g(s)$ と $h(s)$ が多重連鎖型最適性方程式 (5.21), (5.22) を満たすとする。さらに，定常決定性マルコフ政策 π が以下の式を満たすとする。

$$g(s) = \sum_{s' \in S} p(s'|s, \pi(s))g(s')$$

$$\begin{aligned} r(s, \pi(s)) &+ \sum_{s' \in S} p(s'|s, \pi(s))h(s') \\ &= \max_{a \in B(s)} \left\{ r(s, a) + \sum_{s' \in S} p(s'|s, a)h(s') \right\} \end{aligned}$$

このとき，π は最適である。

(c) 多重連鎖型最適性方程式を満たす $g^*(s)$ と $h^*(s)$ は修正最適性方程式 (5.21), (5.23) の解であり，かつ定常決定性マルコフ政策 π が以下の式を満たすとする。

$$\begin{aligned} r(s, \pi(s)) &+ \sum_{s' \in S} p(s'|s, \pi(s))h^*(s') \\ &= \max_{a \in A(s)} \left\{ r(s, a) + \sum_{s' \in S} p(s'|s, a)h^*(s') \right\} \end{aligned}$$

このとき π は最適である。

この定理より，状態空間，決定空間が有限であるならば，multichain でも最適性方程式の右辺を最大化する決定をとる最適な定常決定性マルコフ政策が存在する（ただし平均利得は初期状態に依存する可能性がある）。なお，(b) は二つ目の式で決定空間を絞っている。この範囲を $A(s)$ に広げると，(b) の二つ目の式の右辺についてより大きな値をとる決定がとり得るが，そのような決定をとる政策が最適政策となる保証はない。

以下，unichain でない場合の（近似）最適政策を求める計算法を述べる。状態空間は有限とする。

5.7.1 値　反　復　法

Platzman[21] は，weakly communicating の下で，単一連鎖で述べた以下の値反復法（Schweitzer）の収束性を示している（Platzman は 6 章のセミマルコフ決定過程の場も含めて示している）。状態 N を connected class (5.5 節) に属する状態とする。β を $0 < \beta < \min_{s \in S, a \in A(s)} 1/(1 - p(s|s,a))$ を満たす値とする。

$v^n(N) = 0,\ n = 0, 1, 2, \cdots$ と置き，$v^0(s) = 0\ (s \in S)$ として

$$g^n = \max_{a \in A(N)} \left\{ r(N,a) + \sum_{s' \neq N} p(s'|N,a) v^n(s') \right\}$$

$$v^{n+1}(s) = v^n(s) - \beta g^n + \beta \max_{a \in A(s)} \left\{ r(s,a) + \sum_{s' \neq N} p(s'|s,a) v^n(s') - v^n(s) \right\}$$

$$s \in S, s \neq N$$

とする。

定理 5.18　（Platzman[21]）weakly communicating であるとする。

(a)　$g^*(s)$ は状態によらない値 g^* をとる。

(b)　値反復法により，$g^n \to g^*$, $v^n(s) \to v(s)$, ここで $v(s)$ と g^* は以下の最適性方程式を満たす。

$$v(N) = 0$$

$$v(s) = \max_{a \in A(s)} \left\{ r(s,a) - g + \sum_{s' \neq N} p(s'|s,a) v(s') \right\},\ s \in S,\ s \neq N$$

周期を持つ定常政策が存在してもこの定理は成り立つ。

5.7.2 政策反復法

Howard[17] は多重連鎖の下での政策反復法を提案している。

1. $n=0$ とし，初期決定性マルコフ政策 $\pi_0 \in \Pi_{m,d}$ を選択する。

2. つぎの連立1次方程式を解いて g_n, h_n を求める。ただし，政策 π_n の下で閉じている各クラス C について，ある状態 $s \in C$ について $h_n(s)=0$ とする。

$$g_n(s) = \sum_{s' \in S} p(s'|s, \pi_n(s)) g_n(s'),\ s \in S$$

$$g_n(s) + h_n(s) = r(s, \pi_n(s)) + \sum_{s' \in S} p(s'|s, \pi_n(s)) h_n(s'),\ s \in S$$

3. 決定性マルコフ政策 $\pi_{n+1} \in \Pi_{m,d}$ をつぎの式で求める。$s \in S$ において最大化するものが複数ある場合，$\pi_n(s)$ が最大化する決定の一つである場合は $\pi_{n+1}(s) = \pi_n(s)$ とする。

$$\pi_{n+1}(s) = \arg \max_{a \in A(s)} \left\{ \sum_{s' \in S} p(s'|s, a) g_n(s') \right\},\ s \in S \tag{5.24}$$

4. すべての $s \in S$ において $\pi_{n+1}(s) = \pi_n(s)$ であるならば5. に行く。そうでなければ $n+1$ を n として2. に戻る。

5. $B_n(s)$ を式 (5.24) の右辺を最大にする決定の集合とする。$\pi_{n+1} \in \Pi_{m,d}$ をつぎの式で求める。$s \in S$ において最大化するものが複数ある場合，$\pi_n(s)$ が最大化する決定の一つである場合は $\pi_{n+1}(s) = \pi_n(s)$ とする。

$$\pi_{n+1}(s) = \arg \max_{a \in B_n(s)} \{ r(s, a) + \sum_{s' \in S} p(s'|s, a) h_n(s') \},\ s \in S$$

6. すべての $s \in S$ において $\pi_{n+1}(s) = \pi_n(s)$ であるならば $\pi^*(s) = \pi_n(s)$ として終了する。そうでなければ $n+1$ を n として2. に戻る。

定理 5.19 (Howard[17]) 政策反復法により有限回の反復で最適性方程式を満たす解に収束し，平均利得を最大にする定常決定性マルコフ政策を出力する。

Haviv and Puterman[16)] は communicating の下で step 2 の計算を減らすアルゴリズムを提案している。

5.7.3 線形計画法

以下の問題を平均利得最大化問題に対する主線形計画問題と呼ぶ。

$$\text{Minimize} \sum_{s \in S} w(s) g(s)$$

$$\text{subject to } g(s) \geqq \sum_{s' \in S} p(s'|s,a) g(s'), \quad a \in A(s) \ s \in S$$

$$g(s) \geqq r(s,a) + \sum_{s' \in S} p(s'|s,a) h(s') - h(s), \quad a \in A(s), \ s \in S$$

ここで，$w(s)$ は $w(s) > 0$，かつ $\sum_{s \in S} w(s) = 1$ を満たす。

この問題に対し，つぎの双対線形計画問題を考える。

$$\text{Maximize} \sum_{s \in S} \sum_{a \in A(s)} r(s,a) x(s,a)$$

$$\text{subject to } \sum_{a \in A(s)} x(s,a) - \sum_{s' \in S} \sum_{a \in A(s')} p(s|s',a) x(s',a) = 0, s \in S$$

$$\sum_{a \in A(s)} x(s,a) + \sum_{a \in A(s)} y(s,a) - \sum_{s' \in S} \sum_{a \in A(s')} p(s|s',a) y(s',a)$$

$$= w(s), s \in S$$

$$x(s,a) \geqq 0, \ y(s,a) \geqq 0, \quad a \in A(s), \ s \in S$$

補題 5.2　主問題について最適な基底実行可能解が存在する。双対問題について，最適な基底実行可能解が存在する。

双対問題の任意の実行可能解 $\{x, y\}$ について，定常マルコフ政策 $\pi(x,y) \in \Pi_m$ をつぎに定義する。

$$S_x = \left\{ s \in S; \sum_{a \in A(s)} x(s,a) > 0 \right\}$$

とするとき

$$p_{\pi(x,y)}(a|s) = x(s,a) / \sum_{a \in A(s)} x(s,a), \quad s \in S_x \tag{5.25}$$

$$p_{\pi(x,y)}(a|s) = y(s,a) / \sum_{a \in A(s)} y(s,a), \quad s \in S - S_x \tag{5.26}$$

各 s について $x(s,a) > 0$ となる $a \in A(s)$ が唯一存在する場合は，定常決定性マルコフ政策となる。実際つぎの定理を得る（詳細は Puterman[24] p.467 定理 9.3.5, p.470 定理 9.3.8 を参照）。

定理 5.20　(a)　定常決定性マルコフ政策 $\pi \in \Pi_{m,d}$ について，対応する双対問題の実行可能解は基底実行可能解となる。

(b)　最適な定常マルコフ政策に対応する双対問題の解は，双対問題の最適解である。双対問題に対する最適解について，式 (5.25), (5.26) により定まる政策は最適である。

双対問題の最適解について，ある s について $x(s,a)$ が正となる a が二つ以上存在する，あるいはすべて 0 になる（ただし $y(s,a)$ が正となる a が存在する）ときがある。

最適基底実行可能解 $\{x^*(s,a), y^*(s,a)\}$ が得られたとき，つぎのように決定を選べば最適な定常決定性マルコフ政策を得ることができる。

$\sum_{a \in A(s)} x^*(s,a) > 0$ となる s について，$x^*(s,a) > 0$ となる a を一つ選び $\pi^*(s) = a$ とする。

$\sum_{a \in A(s)} x^*(s,a) = 0$ となる s について，$y^*(s,a) > 0$ となる a をとる。

6 セミマルコフ決定過程

前章までのマルコフ決定過程はいずれも離散時間上の確率過程であり，各期において状態を観測して決定を行うこととしていた。本章では，この点を一般化し，決定の時間間隔が連続量の確率変数に従う場合を考える。

6.1 セミマルコフ決定過程とは

状態空間を S, 状態 s における決定空間を $A(s)$ とする。状態空間は高々可算無限であり，決定空間は有限であると仮定する。状態 $s \in S$ において決定 $a \in A(s)$ をとったとき，つぎに観測するときの状態 s' は推移確率 $p(s'|s,a)$ に従う。

また，つぎの観測状態が $s' \in S$ であるという条件の下で，状態 s から s' に推移するまでにかかる時間は分布関数 $F(x|s,a,s')$ に従い，その期待値を $\tau(s,a,s') = \int_0^\infty x dF(x|s,a,s')$ とする。過程が状態 s で決定 a をとったとき，ただちに受け取る利得（即時利得）を $u(s,a)$ とし，つぎの推移までに受け取る単位時間当りの利得を $v(s,a)$ とする。

この確率過程は，つぎのように言い換えることができる。n 番目の推移後の状態を s_n とする。$s_n = s \in S$ において，決定 $a \in A(s)$ をとるとき，つぎの推移までの時間 τ_{n+1} は，n の値によらず分布関数

$$H(x|s,a) = P(\tau_{n+1} \leqq x|(s,a))$$

に従い，$(s,a), \tau_{n+1} = x$ が与えられたとき推移先が $s_{n+1} = s' \in S$ となる確率は

$q(s'|(s,a),x)$ とする。

このとき，上記の $F(x|s,a,s')$, $p(s'|s,a)$ は $H(x|s,a)$, $q(s'|(s,a),x)$ を用いてつぎの式で表現することができる。

$$p(s'|s,a) = \int_0^\infty q(s'|(s,a),y)dH(y|s,a)$$

$$F(x|s,a,s') = \frac{\int_0^x q(s'|(s,a),y)dH(y|s,a)}{p(s'|s,a)} = \frac{\int_0^x q(s'|(s,a),y)dH(y|s,a)}{\int_0^\infty q(s'|(s,a),y)dH(y|s,a)}$$

逆に $H(t|s,a)$, $q(s'|(s,a),x)$ は，$F(x|s,a,s')$, $p(s'|s,a)$ を用いてつぎの式で表現される。

$$H(x|s,a) = \sum_{s' \in S} p(s'|s,a)F(x|s,a,s') \tag{6.1}$$

$$q(s'|(s,a),x) = \frac{p(s'|s,a)\dfrac{d}{dx}F(x|s,a,s')}{\dfrac{d}{dx}H(x|s,a)} \tag{6.2}$$

多くの場合 $H(x|s,a)$, $q(s'|(s,a),x)$ を用いる方が確率過程を定義しやすい。このとき，評価規範となる利得を最大にするような最適政策を求める。この過程を**セミマルコフ決定過程**（semi-Markov decision process）という。以下，総割引期待利得規範と平均利得規範の場合について述べる（定理の証明は省略する）。

6.2 総割引期待利得

まず総割引期待利得について考える。

政策 π が与えられたとする。初期状態を s とし，時刻 0 で 0 番目の決定を行う。τ_n は $n-1$ 番目の決定から n 番目の決定までの推移の時間間隔（$n \geq 1$）を表す。$T_n = \sum_{i=1}^{n} \tau_i$ は n 番目の状態の推移時刻を表す確率変数とする。離散時間上のマルコフ決定過程では時間単位の割引率 $\gamma \in (0,1)$ が設定されていた。セミマルコフ決定過程では時間は連続上であるため，指数的に利得が割り引かれるものとして**割引率**（discount rate）$\alpha > 0$ を設定する。すなわち，時刻 t において利益 r を得ることは，時刻 0 において $e^{-\alpha t}r$ を受け取ることと同等の価値があるとする。

初期状態 s とし，定常決定性マルコフ政策 π の下で受け取る無限期間総割引期待利得を $V_\alpha^\pi(s)$ とする。$a_n = \pi(s_n)$ を n 番目の推移後の状態 s_n における決定とするとき

$$V_\alpha^\pi(s) = E^\pi\Bigg[u(s,\pi(s)) + \int_0^{\tau_1} e^{-\alpha t} v(s,\pi(s))dt + \sum_{n=1}^{\infty} e^{-\alpha \sum_{i=1}^{n}\tau_i}\left\{u(s_n,\pi(s_n)) + \int_0^{\tau_{n+1}} e^{-\alpha t} v(s_n,\pi(s_n))dt\right\}\Bigg]$$

となる。

最適値関数を

$$V_\alpha^*(s) = \sup_\pi V_\alpha^\pi(s), \quad s \in S$$

とする。以下の式を満たす政策 π^* は最適政策という。

$$V_\alpha^{\pi^*}(s) = V_\alpha^*(s), \quad s \in S$$

このときマルコフ決定過程のときと同様にして，つぎの最適性方程式を得る。

$$V_\alpha^*(s) = \max_{a \in A(s)}\{r_\alpha(s,a) + \sum_{s' \in S} p(s'|s,a)\int_0^\infty e^{-\alpha t} V_\alpha^*(s')dF(t|s,a,s')\} \tag{6.3}$$

ここで $r_\alpha(s,a)$ は状態 $s \in S$ で決定 $a \in A(s)$ をとるときのつぎの推移までの期待利得であり，以下の式となる。

$$r_\alpha(s,a) = u(s,a) + \sum_{s' \in S} p(s'|s,a)\int_0^\infty \int_0^t e^{-\alpha w} v(s,a)dwdF(t|s,a,s')$$

式 (6.3) は，式 (6.2) を用いてつぎの式で表現できる。

$$V_\alpha^*(s) = \max_{a \in A(s)}\{r_\alpha(s,a)$$

$$+\sum_{s' \in S} \int_0^\infty e^{-\alpha t} q(s'|(s,a),t) V_\alpha^*(s') dH(t|s,a)\} \qquad (6.4)$$

総割引期待利得問題と同様に，以下の結果を得る（Ross[25] p.158 定理 7.2 を参照のこと）。

定理 6.1　式 (6.3) の右辺を最小とする決定をとる定常決定性マルコフ決定政策は最適である。

6.3 平　均　利　得

状態 $s \in S$ で決定 $a \in A(s)$ をとるとき，推移までの時間の期待値 $\tau(s,a)$ は

$$\tau(s,a) = \sum_{s' \in S} p(s'|s,a) \tau(s,a,s')$$

また，つぎの推移までに受け取る期待利得 $r(s,a)$ は

$$r(s,a) = u(s,a) + v(s,a)\tau(s,a)$$

となる。このことから，平均利得規範の下では，即時利得を $r(s,a)$，つぎの時刻までに受け取る単位時間当り利得を 0 として，つぎの推移が起きるまでの期待時間を $\tau(s,a)$ と置けばよいことがわかる。

この節では以下を仮定する。

仮定　ある $\delta > 0, \varepsilon > 0$ が存在し，すべての状態 $s \in S$, $a \in A(s)$ について以下を満たす。

$$H(\delta|s,a) = \sum_{s' \in S} p(s'|s,a) F(\delta|s,a,s') \leq 1 - \varepsilon$$

この仮定は，どの状態についても，つぎの推移までにかかる時間が δ より大

きくなる確率が ε 以上となることを表している。

政策 π が与えられたとする。R_n, τ_n を $n-1$ 番目から n 番目の推移の間に受け取る利得と時間間隔をそれぞれ表す確率変数とする。また，$R(t)$ を時刻 t までに受け取る利得を表す確率変数とする。時刻 t の状態を $X(t)$ とするとき，政策 π の下で，初期状態を $s \in S$ とするときの期待利得を

$$r_1^\pi(s) = \liminf_{t\to\infty} E^\pi\left[\frac{R(t)}{t}|X(0)=s\right]$$

$$r_2^\pi(s) = \liminf_{n\to\infty} \frac{E^\pi\left[\sum_{i=1}^{n} R_i|X(0)=s\right]}{E^\pi\left[\sum_{i=1}^{n} \tau_i|X(0)=s\right]}$$

と置く。

$X(0) = s_0 = s$ のとき，つぎに状態 s に推移する時刻を T と置き，N 回目の推移で初めて s に推移することを表す確率変数 N を定義する。すなわち $T = \sum_{n=1}^{N} \tau_n$ である。

政策 π の下で，次式が成り立つとする。$P^\pi(\cdot)$ は政策 π における確率を表す。

$$P^\pi(T<\infty)=1, \quad E^\pi[T|X(0)=s]<\infty$$

すなわち，政策 π の下で状態 s は正再帰的であることを表す。このとき，つぎの結果が成り立つ（Ross[25] p.159 補題 7.4)。

$$E^\pi[N|X(0)=s]<\infty$$

時刻 T において，それ以降の確率過程は時刻 0 以降と確率的に同一の過程となる。すなわち，この確率過程は再生報酬過程を形成する。2.8 節の再生報酬過程の結果を用いて，つぎの定理が成り立つ（証明は Ross[25] p.160 定理 7.5 を参照)。

定理 6.2　π が定常マルコフ政策であり，$E^\pi[N|s_0=s]<\infty$ が成り立つならば，つぎの式が成り立つ。

$$r_1^\pi(s) = r_2^\pi(s) = \frac{E^\pi[R(T)|X(0)=s]}{E^\pi[T|X(0)=s]}$$

平均規範マルコフ決定過程と同様に，つぎの結果が成り立つ。以下，状態は確率 $p(s'|s,a)$ の下ですべての定常政策の下で単一連鎖を形成する（モデルが unichain である）と仮定する。つぎの定理が成り立つ。

定理 6.3　確率 S を高々可算無限の集合とし，ある有界の関数 $h(s)$ $(s \in S)$ と定数 g が存在して

$$h(s) = \max_{a \in A(s)} \{r(s,a) + \sum_{s' \in S} p(s'|s,a)h(s') - g\tau(s,a)\}, \ s \in S \tag{6.5}$$

が成り立つならば，右辺を最大化する定常決定性マルコフ政策 π^* が存在して

$$g = r_2^{\pi^*}(s) = \max_\pi r_2^\pi(s), \quad s \in S$$

となる。また，π^* は式 (6.5) の右辺を最大化する決定をとる。

【証明】　n 番目の観測時の状態と決定までの履歴を $H_n = \{s_0, a_0, s_1, a_1, \cdots, s_{n-1}, a_{n-1}, s_n, a_n\}$ とする。式 (6.5) を満たす $h(s)$ に対して

$$\begin{aligned}
&E^\pi[h(s_n)|H_{n-1}] \\
&= \sum_{s \in S} h(s)p(s|s_{n-1}, a_{n-1}) \\
&= r(s_{n-1}, a_{n-1}) - g\tau(s_{n-1}, a_{n-1}) + \sum_{s \in S} h(s)p(s|s_{n-1}, a_{n-1}) \\
&\quad - r(s_{n-1}, a_{n-1}) + g\tau(s_{n-1}, a_{n-1}) \\
&\leq \max_{a \in A(s_{n-1})} \{r(s_{n-1}, a) + \sum_{s \in S} h(s)p(s|s_{n-1}, a) - g\tau(s_{n-1}, a)\} \\
&\quad - r(s_{n-1}, a_{n-1}) + g\tau(s_{n-1}, a_{n-1}) \\
&= h(s_{n-1}) - r(s_{n-1}, a_{n-1}) + g\tau(s_{n-1}, a_{n-1})
\end{aligned}$$

不等号において，政策 π^* で右辺の最大値を達成する（等号となる）決定をとると

する。両辺 H_{n-1} に関して期待値をとれば

$$E^\pi[h(s_n)] \leqq E^\pi[h(s_{n-1}) - r(s_{n-1}, a_{n-1}) + g\tau(s_{n-1}, a_{n-1})]$$

n について和をとると

$$\sum_{m=1}^{n} E^\pi[h(s_m)] \leqq \sum_{m=1}^{n} E^\pi[h(s_{m-1}) - r(s_{m-1}, a_{m-1}) + g\tau(s_{m-1}, a_{m-1})]$$

変形すると

$$g \geqq \frac{E^\pi[h(s_n) - h(s_0)] + \sum_{m=1}^{n} E^\pi[r(s_{m-1}, a_{m-1})]}{\sum_{m=1}^{n} E^\pi[\tau(s_{m-1}, a_{m-1})]}$$

となる。先に示した仮定より

$$E^\pi[\sum_{m=1}^{n} \tau(s_{m-1}, a_{m-1})] \geqq n\varepsilon\delta > 0$$

であることから，$h(s)$ が有界であることより

$$g \geqq \liminf_{n\to\infty} \frac{E^\pi[\sum_{m=1}^{n} r(s_{m-1}, a_{m-1})]}{\sum_{m=1}^{n} E^\pi[\tau(s_{m-1}, a_{m-1})]} = r_2^\pi(s)$$

となる。等号が政策 π^* で成り立つことから，定理が成り立つことが示される。

さらに，総割引期待利得と平均利得の関係としてつぎの結果を得る（証明は Ross[25] p.163 定理 7.7）。なお，5 章の定理 5.6, 5.11 も参照すること。

定理 6.4　$r(s,a)$ が有界であり，すべての $\alpha > 0$ と状態 $s \in S$ について

$$|V_\alpha^*(s) - V_\alpha^*(0)| \leqq d$$

となる有限の値 d が存在するならば，つぎのことが成り立つ。（S は状態 0 を含む）

(a)　式 (6.5) を満たす有界の関数 $h(s)$ と定数 g が存在する。

(b)　ある 0 に収束する列 $\{\alpha_1, \alpha_2, \cdots\}$ に対して，$h(s) = \lim_{n\to\infty}\{V_{\alpha_n}^*(s)$

$- V^*_{\alpha_n}(0)\}$ となる。

(c) $g = \lim_{\alpha \to 0} \alpha V^*_\alpha(0)$ が成り立つ。

定理 6.4 の条件が成り立てば，定理 6.4(a) と定理 6.3 より平均規範の下で最適な定常決定性マルコフ政策が存在する。

■ 最適性方程式と計算アルゴリズム

以下，平均利得規範，unichain における最適性方程式と最適政策を求めるアルゴリズムをまとめて示す。

平均利得規範におけるセミマルコフ決定過程の最適性方程式は，unichain の下で以下の式で与えられる。

$$h(s) = \max_{a \in A(s)} \{r(s,a) - g\tau(s,a) + \sum_{s' \in S} p(s'|s,a)h(s')\}, \quad s \in S$$

政策反復法は unichain の場合，以下のとおりとなる。以下，状態空間は有限であるとする。

政策反復法

1. $n = 0$ とし，初期定常決定性マルコフ政策 $\pi_0 \in \Pi_{m,d}$ を選択する。
2. つぎの連立 1 次方程式を解いて g_n, h_n を求める。

$$g_n\tau(s,\pi_n(s)) + h_n(s) = r(s,\pi_n(s)) + \sum_{s' \in S} p(s'|s,\pi_n(s))h_n(s'),\ s \in S$$

3. 決定性マルコフ政策 $\pi_{n+1} \in \Pi_{m,d}$ をつぎの式で求める。$s \in S$ において最大化するものが複数ある場合，$\pi_n(s)$ が最大化する決定である場合は $\pi_{n+1}(s) = \pi_n(s)$ とする。

$$\pi_{n+1}(s) = \arg\max_{a \in A(s)} \{r(s,a) - g_n\tau(s,a) + \sum_{s' \in S} p(s'|s,a)h_n(s)\},\ s \in S$$

4. すべての $s \in S$ において $\pi_{n+1}(s) = \pi_n(s)$ であるならば $\pi^*(s) = \pi_n(s)$ として終了する。そうでなければ $n+1$ を n として 2. に戻る。

線形計画法

unichain について，線形計画法を用いた以下の解法が存在する。平均利得最大化問題に対する主線形計画問題を以下に示す。

$$\text{Minimize } g$$
$$\text{subject to } g\tau(s,a) + h(s) - \sum_{s' \in S} p(s'|s,a)h(s') \geqq r(s,a)$$
$$a \in A(s),\ s \in S$$

g, $h(s)$ は符号制約がないことに注意する。

この問題に対し，つぎの双対線形計画問題を考えると，マルコフ決定過程のときと同様の方法により最適政策を得ることができる。

$$\text{Maximize } \sum_{s \in S} \sum_{a \in A(s)} r(s,a)x(s,a)$$
$$\text{subject to } \sum_{a \in A(s)} x(s,a) - \sum_{s' \in S} \sum_{a \in A(s')} p(s|s',a)x(s',a) = 0,\ s \in S$$
$$\sum_{s \in S} \sum_{a \in A(s)} x(s,a)\tau(s,a) = 1, \quad x(s,a) \geqq 0,\ a \in A(s),\ s \in S$$

値反復法

Platzman[21)] は，weakly communicating の下で，以下の値反復法（Schweitzer[29)]）の収束性を示している。

状態 N を connected class に属する状態とする。β を

$$0 < \beta < \min_{s \in S, a \in A(s)} \tau(s,a)/(1 - p(s|s,a))$$

を満たす値とする。

$v^n(N) = 0,\ n = 0, 1, 2, \cdots$ とする。

$$v^0(s) = 0,\ s \in S$$
$$g^n = \max_{a \in A(N)} \left\{ \frac{r(N,a) + \sum_{s' \neq N} p(s'|N,a)v^n(s')}{\tau(N,a)} \right\}$$
$$v^{n+1}(s) = v^n(s) - \beta g_n$$

$$+\beta \max_{a\in A(s)} \left\{ \frac{r(s,a)+\sum_{s'\neq N} p(s'|s,a)v^n(s') - v^n(s)}{\tau(s,a)} \right\}$$
$$s \in S,\ s \neq N$$

このとき，定理 5.18 と同様の結果が成り立つ。

6.4 連続時間マルコフ決定過程（推移間隔が指数分布に従う場合）

セミマルコフ決定過程のうち，特につぎの決定までの時間が現在の状態と決定のみに依存したパラメータを持つ指数分布に従い，そのときの推移先がその状態，決定と時間のみに従う場合について考える。この場合，指数分布の無記憶性から，政策 π が与えられたとき，つぎのマルコフ性を持つ。

時刻 $t \geqq 0$ における状態を $X(t)$ とするとき，$u > 0$ について

$$P^{\pi}(X(t+u)=s|\{X(w); 0 \leqq w \leqq t\}) = P^{\pi}(X(t+u)=s|X(t))$$

が成り立つ。

政策が与えられたとき，この過程は連続時間マルコフ連鎖を形成する。

状態 $s \in S$ で決定 $a \in A(s)$ をとるときのつぎの決定までの時間 $\tau_{s,a}$ がパラメータ $\mu(s,a)$ の指数分布に従うとする。すなわち，6.1 節の定義を用いて

$$H(x|s,a) = 1 - e^{-\mu(s,a)x}, \quad x \geqq 0$$

このようなセミマルコフ決定過程を**連続時間マルコフ決定過程**（continuous time Markov decision process）と呼ぶ。

まず，割引期待利得規範の連続時間マルコフ決定過程を述べる。

$m(s'|s,a)$ をつぎの式で定義する。

$$m(s'|s,a) = \int_0^{\infty} e^{-\alpha t} q(s'|(s,a),t)\,dH(t|s,a)$$

この和をとり

$$\lambda(s,a) = \sum_{s' \in S} m(s'|s,a) = \int_0^\infty e^{-\alpha t} dH(t|s,a)$$

とする。これは状態 s で決定 a をとったとき，つぎに状態が推移するまでの期待割引時間を表す。

連続時間マルコフ決定過程において，補題2.2に示した指数分布の性質が有効である。すなわち，互いに独立で，おのおのパラメータ $\lambda_1, \lambda_2, \cdots, \lambda_n$ のパラメータを持つ指数分布に従う確率変数 $X_1, X_2, \cdots, X_n$ に対し，$\min(X_1, X_2, \cdots, X_n)$ をその実現値の最小値とするとき

$$P(\min(X_1, X_2, \cdots, X_n) \leqq t) = 1 - e^{-\left(\sum_{i=1}^{n} \lambda_i\right)t}$$

であり

$$P(X_i = \min(X_1, X_2, \cdots, X_n) | \min(X_1, X_2, \cdots, X_n) = t) = \frac{\lambda_i}{\sum_{j=1}^{n} \lambda_j}$$

である。推移までの時間と推移先が独立であることに注意する。

6.4.1　一様化：割引期待利得規範の場合

割引率 α の割引期待利得規範における連続時間マルコフ決定過程を考える状態 s で決定 a をとったときの即時利得を $u(s,a)$，つぎの決定までに受け取る利益を $v(s,a)$ とすると，つぎの決定までに受け取る期待利益 $r(s,a)$ は

$$\begin{aligned}
r(s,a) &= u(s,a) + v(s,a) E\left[\int_0^{\tau_{s,a}} e^{-\alpha t} dt | s_0 = s,\ a_0 = a\right] \\
&= u(s,a) + v(s,a) \frac{1}{\alpha}\left\{1 - E[e^{-\alpha \tau_{s,a}}]\right\} \\
&= u(s,a) + v(s,a) \frac{1}{\alpha}\left\{1 - \frac{\mu(s,a)}{\alpha + \mu(s,a)}\right\} \\
&= u(s,a) + v(s,a) \frac{1}{\alpha + \mu(s,a)}
\end{aligned}$$

となる。定常決定性マルコフ政策 $\pi \in \Pi_{m,d}$ の下で，初期状態 $s \in S$ のときの総割引期待利得 $V_\alpha^\pi(s)$ は

$$
\begin{aligned}
V_\alpha^\pi(s) &= r(s,\pi(s)) + \sum_{s'\in S} E[e^{-\alpha\tau_{s,\pi(s)}}]p(s'|s,\pi(s))V_\alpha^\pi(s') \\
&= r(s,\pi(s)) + \frac{\mu(s,\pi(s))}{\alpha+\mu(s,\pi(s))}\sum_{s'\in S} p(s'|s,\pi(s))V_\alpha^\pi(s') \qquad (6.6)
\end{aligned}
$$

となる。

連続時間マルコフ決定過程の**一様化**（uniformization）について述べる。これは，決定時間間隔を状態や決定によらない指数分布に従う等価な連続時間マルコフ決定過程に変換することである。その結果，この過程は離散時間マルコフ決定過程と等価になり，4，5 章の結果が適用できるようになる。

この節では，ある有限の定数 Λ が存在してつぎの式が成り立つと仮定する。

$$
(1-p(s|s,a))\mu(s,a) \leqq \Lambda, \quad s\in S,\ a\in A(s)
$$

現在問題としている連続時間マルコフ決定過程を (S,A,r,p,μ,α) と表現する。この決定過程に対し，つぎの連続時間マルコフ決定過程 $(\hat{S},\hat{A},\hat{r},\hat{p},\Lambda,\alpha)$ を新たに定義する。

$$
\begin{aligned}
&\hat{S} = S,\ \hat{A}(s) = A(s) \\
&\hat{r}(s,a) = r(s,a)\frac{\alpha+\mu(s,a)}{\alpha+\Lambda} \\
&\hat{p}(s'|s,a) = \begin{cases} 1-\dfrac{(1-p(s|s,a))\mu(s,a)}{\Lambda}, & s'=s \\ \dfrac{p(s'|s,a)\mu(s,a)}{\Lambda}, & s'\neq s \end{cases}
\end{aligned}
$$

このときの政策 π の下での初期状態が $s\in S$ のときの総割引期待利得を $\hat{V}_\alpha^\pi(s)$ とする。新たに定義された連続時間マルコフ決定過程 $(\hat{S},\hat{A},\hat{r},\hat{p},\Lambda,\alpha)$ の下では，同じ状態に推移する確率を増やしていることに注意する。また，推移するまでの時間の分布は状態 s と決定 $a\in A(s)$ によらずパラメータ Λ の指数分布に従っている。

二つのマルコフ決定過程について，つぎの定理が成り立つ。

定理 6.5　　政策 $\pi \in \Pi_{m,d}$ に対し，$V_\alpha^\pi(s) = \hat{V}_\alpha^\pi(s)$ が成り立つ。

【証明】　連続時間マルコフ決定過程 $(\hat{S}, \hat{A}, \hat{r}, \hat{p}, \Lambda, \alpha)$ は，政策 π を定めると連続時間マルコフ連鎖を形成する。このときの無限小生成作用素を考える。

2.11 節の結果を一般化し，自身への推移確率 p_{ii} も認めたときの無限小生成作用素 a_{ij} は，状態 i での推移率 q_i と推移確率 p_{ij} を用いて $a_{ij} = q_i p_{ij} (i \neq j)$, $a_{ii} = -q_i(1 - p_{ii})$ と表現できる。

政策 π の下で $(\hat{S}, \hat{A}, \hat{r}, \hat{p}, \Lambda, \alpha)$ の無限小生成作用素を $\hat{q}_{s,s'}$ とすると
$s' \neq s$ のとき

$$\hat{q}_{s,s'} = \Lambda \hat{p}(s'|s, \pi(s)) = p(s'|s, \pi(s))\mu(s, \pi(s))$$

$s' = s$ のとき

$$\hat{q}_{s,s} = -\Lambda(1 - \hat{p}(s|s, \pi(s))) = -(1 - p(s|s, \pi(s)))\mu(s, \pi(s))$$

となり，どちらも連続時間マルコフ過程 $(S, A, r, p, \mu, \alpha)$ の政策 π の下での無限小生成作用素と一致する。したがって，つぎの推移までの期待利得を比較して同じになることを示せばよい。

以下，状態 s に推移してから s 以外に推移するまでの期待利得を調べる。$(\hat{S}, \hat{A}, \hat{r}, \hat{p}, \Lambda, \alpha)$ において政策 π の下で状態 s から連続して自身に推移する回数を u_s とする。このとき u_s は幾何分布

$$P(u_s = n) = \hat{p}(s|s, \pi(s))^n (1 - \hat{p}(s|s, \pi(s)))$$

に従う。$T_{s,0} = 0$ と置き，$T_{s,n}$ を初期状態 s とするときの n 回目の推移が生起するまでの時間（$n = 1, \cdots, u_s$）とする。状態 s 以外に推移する時刻となる T_{s,u_s+1} までに受け取る期待利得は

$$E\left[\sum_{n=0}^{u_s} e^{-\alpha T_{s,n}} \hat{r}(s, \pi(s))\right]$$

である。

推移間隔はパラメータ Λ の指数分布に従い，また異なる推移間隔どうしは互いに独立であることから，$T_{s,n}$ はパラメータ (n, Λ) のアーラン分布に従うことがわかる。したがって，$E[e^{-\alpha T_{s,n}}] = \left(\dfrac{\Lambda}{\alpha + \Lambda}\right)^n$ となる。$\delta = \dfrac{\Lambda}{\alpha + \Lambda}$ と置くと

$$
\begin{aligned}
&E^{\pi}\left[\sum_{m=0}^{u_s}\delta^m\right]\\
&=\sum_{m=0}^{\infty}\frac{1-\delta^{m+1}}{1-\delta}\hat{p}(s|s,\pi(s))^m(1-\hat{p}(s|s,\pi(s)))\\
&=\frac{1-\hat{p}(s|s,\pi(s))}{1-\delta}\left\{\frac{1}{1-\hat{p}(s|s,\pi(s))}-\frac{\delta}{1-\delta\hat{p}(s|s,\pi(s))}\right\}\\
&=\frac{1}{1-\delta\hat{p}(s|s,\pi(s))}
\end{aligned}
$$

したがって

$$
\begin{aligned}
&E^{\pi}\left[\sum_{m=0}^{u_s}\delta^m\hat{r}(s,\pi(s))\right]\\
&=\frac{\hat{r}(s,\pi(s))}{1-\delta\hat{p}(s|s,\pi(s))}\\
&=r(s,\pi(s))\frac{\alpha+\mu(s,a)}{\alpha+\Lambda}\frac{1}{1-\left\{1-\dfrac{(1-p(s|s,a))\mu(s,a)}{\Lambda}\right\}\dfrac{\Lambda}{\alpha+\Lambda}}\\
&=r(s,\pi(s))\frac{1}{1-\dfrac{\mu(s,a)}{\alpha+\mu(s,a)}p(s|s,a)}
\end{aligned}
$$

最後の式は，本来の過程 (S,A,r,p,μ,α) で政策 π の下で状態 s にとどまる間に受け取る期待利得と一致する（本来の過程において δ に該当するものは $\dfrac{\mu(s,a)}{\alpha+\mu(s,a)}$ となる)。以上より定理を示した。

◇

したがって，マルコフ決定過程 (S,A,r,p,μ,α) と新しく定義した $(\hat{S},\hat{A},\hat{r},\hat{p},\Lambda,\alpha)$ は同じ政策 π の下で確率過程として同一である。

マルコフ決定過程 $(\hat{S},\hat{A},\hat{r},\hat{p},\Lambda,\alpha)$ について，式 (6.6) に当てはめると $\gamma=\dfrac{\Lambda}{\alpha+\Lambda}$ と置くことで初期状態 $s\in S$ のときの総割引期待利得 $\hat{V}_{\alpha}^{\pi}(s)$ はつぎの式を満たすことがわかる。

$$
\hat{V}_{\alpha}^{\pi}(s)=\hat{r}(s,\pi(s))+\gamma\sum_{s'\in S}\hat{p}(s'|(s,\pi(s)))\hat{V}_{\alpha}^{\pi}(s')
$$

この式は，割引率 γ の総割引期待利得問題である離散時間マルコフ決定過程の政策 π の下での利得関数に関する方程式と合致する。したがって，状態空間 S,

決定空間 $A(s)$, 期待利得 $\hat{r}(s,a)$, 推移確率 $\hat{p}(s'|s,a)$ を持つ割引率 γ の離散時間マルコフ決定過程を解けばよい。また，最適性方程式は

$$\hat{V}_\alpha^*(s) = \max_{a\in A(s)} \{\hat{r}(s,a) + \gamma \sum_{s'\in S} \hat{p}(s'|(s,a))\hat{V}_\alpha^*(s')\} \tag{6.7}$$

となる。4 章の結果をそのまま用いて，右辺を最小化する決定が元の問題 $(S, A, r, p, \mu, \alpha)$ の最適政策となる。

6.4.2　一様化：平均費用規範の場合

平均費用規範において，すべての政策の下で unichain であるとする。割引率 α を $\alpha \to 0$ とするとき定理 6.4 より

$$\hat{g} = \lim_{\alpha\to 0} \alpha\hat{V}_\alpha^*(0), \quad \hat{r}(s,a) = r(s,a)\frac{\mu(s,a)}{\Lambda}$$
$$\hat{h}(s) = \lim_{n\to\infty} \{\hat{V}_{\alpha_n}^*(s) - \hat{V}_{\alpha_n}^*(0)\}$$

ここで，$\hat{h}(s)$ と $\hat{g}$ はつぎの最適性方程式を満たす。

$$\hat{h}(s) = \max_{a\in A(s)} \left\{\hat{r}(s,a) + \sum_{s'\in S} \hat{p}(s'|s,a)\hat{h}(s') - \hat{g}\frac{1}{\Lambda}\right\}$$

$h(s) = \hat{h}(s)$, $g = \hat{g}\dfrac{1}{\Lambda}$ とすると，最適性方程式は

$$g + h(s) = \max_{a\in A(s)} \left\{\frac{\mu(s,a)}{\Lambda} r(s,a) + \sum_{s'\neq s} \frac{p(s'|s,a)\mu(s,a)}{\Lambda} h(s') \right.$$
$$\left. + \frac{\Lambda - (1-p(s|s,a))\mu(s,a)}{\Lambda} h(s)\right\}$$

となる。これは離散時間マルコフ決定過程の最適性方程式とみなすことができる。したがって，5 章の方法を適用できる。求めた最適政策に対する平均利得 g^* を用いて，元の連続時間マルコフ決定過程の最適利得は Λg^* となる。

6.4.3　例

つぎの待ち行列における到着客の制御問題の例を考えよう。

例 6.1　客が到着率 λ のポアソン過程に従い待ち行列に到着する。すなわち，客の到着間隔は互いに独立で，平均 $1/\lambda$ の指数分布に従う。窓口は一つで，客のサービス時間は互いに独立で，平均 $1/\mu$ の指数分布に従う。客は到着順にサービスを受ける。客がサービスを受けるとき，窓口を運営する側はただちに利得 r を受け取る。窓口に滞在する客の数（系内人数）が n 人のとき，単位時間当り nh の費用がかかる。費用は客の滞在時間，すなわち待ち時間とサービス時間に対してかけられ，この時間に比例して客に対して待ちに対する費用を支払わなければならない。運営する側は，待っている客の人数に応じて新たな客を受け入れるかどうかを決定する。窓口の人数が n 人のときに客が到着したとき，その客を受け入れるかどうかを決定したい。

例えば受注生産の製品において，注文が来たらそれを受けて製品を作るか，注文を受けないかを決定する問題がこの例に該当する。この場合製造時間をサービス時間とみれば，客の滞在時間は注文してから商品を受け取るまでの時間とみなすことができる。

状態を系内人数とすると，状態空間は $S = \{0, 1, 2, \cdots\}$ となる。指数分布の無記憶性から，サービス中の客の残りサービス時間は，サービスの経過時間に関係なく平均 $1/\mu$ の指数分布に従う。

この問題は，到着が起きたときに決定を行うとすることで連続時間マルコフ決定過程として定式化することも可能である。しかし，この定式化にすると，つぎの到着まで何人サービスを終えて退去したかを考える必要があり，推移先が多くなる。

この問題を連続時間マルコフ決定過程として定式化する際，指数分布の性質を用いて以下の考え方に基づくと状態の推移先を最小限にすることができる。

決定は到着時に受け入れるか否かである。また，つぎの到着またはサービス完了までの時間までは系内人数は変化がなく，2.11 節で述べた指数分布に関する性質から，つぎに到着があるかサービス完了になるかはその事象が起こるまでの経過時間に依存しない。このため，到着を受け入れる（または拒否する）か，サービスを完了した直後の系内人数を状態として，このときにとる決定はつぎに到着が来たときに客を受け入れるかどうかを定めるとみても問題ない。つぎに起こる事象がサービス完了のときは一人減るのみである。

このことから，客の到着して受け入れるかどうかを決定した直後，あるいはサービス完了直後の系内人数を状態としたときの連続時間マルコフ決定過程として定式化できる。

s 人の客がシステムに存在するとき，決定 1 を現在サービス中の客のサービス完了前に客が到着したときその客を受け入れる決定とする。決定 2 を，サービス完了する前に客が到着したときその客を受け入れないという決定とする。決定 1 のときは到着により状態は $s+1$ となる。決定 2 のときは到着しても状態は s のままである。どちらの決定においても，客の到着前に現在サービス中の客のサービスが終了すれば状態は $s-1$ となる（ただし，$s=0$ のときはサービスを行わないので必ずつぎに到着が起きる）。$A(s)=\{1,2\}$ $(s\in S)$ である。

$$S=\{0,1,2,\cdots\}$$

$$A(s)=\{1,2\},\ s\in S$$

$$\tau(s,a)=1/\mu(s,a),\ s\in S,\ a\in A(s)$$

ここで

$$\mu(s,a)=\lambda+\mu,\quad s\geqq 1,\quad \mu(0,a)=\lambda$$

したがって，$\tau(s,a)=\dfrac{1}{\lambda+\mu}$, $s\geqq 1$, $\tau(0,a)=\dfrac{1}{\lambda}$

$$p(s+1|s,1)=\frac{\lambda}{\lambda+\mu},\ p(s-1|s,1)=\frac{\mu}{\lambda+\mu}\ \ s\geqq 1$$

$$p(s|s,2)=\frac{\lambda}{\lambda+\mu},\ p(s-1|s,2)=\frac{\mu}{\lambda+\mu}\ \ s\geqq 1$$

$$p(1|0,1)=1,\ p(0|0,2)=1$$

割引率 α の割引費用規範を考える。つぎに到着時に受け取るとしたとき利得 r を受け取る。$T(s,a)$ を状態 s で決定 a をとるとき，つぎの到着またはサービス完了が起こるまでの時間を表す確率変数とすると，期待利得 $r(s,a)$ は以下の式となる。$s \geqq 1$ のとき

$$r(s,1) = -shE[\int_0^{T(s,\alpha)} e^{-\alpha t}dt] + rE[e^{-\alpha T(s,\alpha)}]\frac{\lambda}{\lambda+\mu}$$
$$= -sh\frac{1}{\alpha}(1-E[e^{-\alpha T(s,\alpha)}]) + rE[e^{-\alpha T(s,\alpha)}]\frac{\lambda}{\lambda+\mu}$$
$$r(s,2) = -sh\frac{1}{\alpha}(1-E[e^{-\alpha T(s,\alpha)}])$$

となる。ここで

$$P(T(s,\alpha) \leqq t) = 1 - e^{-(\lambda+\mu)t},\ s \geqq 1$$
$$P(T(0,\alpha) \leqq t) = 1 - e^{-\lambda t}$$

となるので

$$E[e^{-\alpha T(s,a)}] = \frac{\lambda+\mu}{\alpha+\lambda+\mu},\ s \geqq 1,\quad E[e^{-\alpha T(0,a)}] = \frac{\lambda}{\alpha+\lambda}$$

である。これより

$$r(s,1) = -sh\frac{1}{\alpha+\lambda+\mu} + r\frac{\lambda}{\alpha+\lambda+\mu}$$
$$r(s,2) = -sh\frac{1}{\alpha+\lambda+\mu},\quad s \geqq 1,$$
$$r(0,1) = r\frac{\lambda}{\alpha+\lambda},\quad r(0,2) = 0$$

この問題は，総割引期待利得に関する離散時間マルコフ決定過程として表現することができる。$\Lambda = \lambda + \mu$ とする。利得について

$$\hat{r}(s,a) = r(s,a)\frac{\alpha+\lambda+\mu}{\alpha+\Lambda} = r(s,a),\ s \geqq 1,\quad \hat{r}(0,a) = \frac{\alpha+\lambda}{\alpha+\Lambda}r(0,a)$$

同様に推移確率について計算すると

$$\hat{p}(s+1|s,1) = \frac{\lambda}{\Lambda},\quad \hat{p}(s-1|s,1) = \frac{\mu}{\Lambda},\quad s \geqq 1,$$

$$\hat{p}(s|s,2)=\frac{\lambda}{\Lambda},\quad \hat{p}(s-1|s,2)=\frac{\mu}{\Lambda},\quad s\geqq 1,$$
$$\hat{p}(1|0,1)=\frac{\lambda}{\Lambda},\quad \hat{p}(0|0,1)=\frac{\mu}{\Lambda}$$
$$\hat{p}(0|0,2)=1$$

となる。したがって，$\gamma=\dfrac{\Lambda}{\alpha+\Lambda}$ とすると，変換後の離散時間マルコフ決定過程に関する最適性方程式はつぎのとおりとなる。

$$\begin{aligned}\hat{V}_\gamma^*(s)=\max\Bigg\{&-sh\frac{1}{\alpha+\Lambda}+r\frac{\lambda}{\alpha+\Lambda}\\&+\gamma\left(\frac{\lambda}{\Lambda}\hat{V}_\gamma^*(s+1)+\frac{\mu}{\Lambda}\hat{V}_\gamma^*(s-1)\right),\\&-sh\frac{1}{\alpha+\Lambda}+\gamma\left(\frac{\lambda}{\Lambda}\hat{V}_\gamma^*(s)+\frac{\mu}{\Lambda}\hat{V}_\gamma^*(s-1)\right)\Bigg\},\quad s\geqq 1\\\hat{V}_\gamma^*(0)=\max\Bigg\{&r\frac{\lambda}{\alpha+\Lambda}+\gamma\left(\frac{\lambda}{\Lambda}\hat{V}_\gamma^*(1)+\frac{\mu}{\Lambda}\hat{V}_\gamma^*(0)\right),\ \gamma\hat{V}_\gamma^*(0)\Bigg\}\end{aligned}$$

となる。この式は以下の式にも書き換えられる。

$$\begin{aligned}\hat{V}_\gamma^*(s)=&-sh\frac{1}{\alpha+\Lambda}\\&+\gamma\left\{\frac{\mu}{\Lambda}\hat{V}_\gamma^*(s-1)+\frac{\lambda}{\Lambda}\max\{r+\hat{V}_\gamma^*(s+1),\hat{V}_\gamma^*(s)\}\right\},\ s\geqq 1\\\hat{V}_\gamma^*(0)=&\ \gamma\left\{\frac{\mu}{\Lambda}\hat{V}_\gamma^*(0)+\frac{\lambda}{\Lambda}\max\{r+\hat{V}_\gamma^*(1),\hat{V}_\gamma^*(0)\}\right\}\end{aligned}$$

一様化により離散時間最適化問題として扱うメリットの一つに，最適政策が持つ構造的な性質を示すことが挙げられる。これについては 8.4 節で述べる。

7 部分観測可能マルコフ決定過程

これまで述べてきたマルコフ決定過程の議論は，意思決定者が現時点の状態を正しく観測して決定をすることを前提としてきた。しかし，現実の問題として，真の状態を把握できるとは限らない。本章では状態を予測確率を用いて表現し，観測された結果を基に予測を更新する部分観測可能マルコフ決定過程について述べる。

7.1 部分観測可能マルコフ決定過程とは

3～5 章では，確実な状態を観測しながら，決定を行うことで各種規範の下で最適政策を求める問題について考察してきた。しかし現実には，真の状態を把握できるとは限らない場合が多い。例えば，機械の劣化状況は外見のみで完全に把握することは困難なことがよく起こる。この場合，各状態にいる可能性を把握し，決定を行い，その結果受け取る利得，例えば機械の状況であれば製品の不具合の発生・再加工や加工にかかる時間，必要な資源（電気代等）等を観測して，つぎの状態を予測していく必要がある。このように，状態を直接完全に観測できない場合，状態を何らかの形で予測しながら決定をしていく必要がある。このような問題を扱う数理モデルとして**部分観測可能マルコフ決定過程**（partially observable Markov decision process, POMDP）があり，マルコフ決定過程の一般化となっている。

POMDP の構成要素は以下のとおりである。

$S = \{0, 1, 2, \cdots, N-1\}$：状態（state）の集合，離散・有限とする。

$A=\{a_1,a_2,\cdots,a_K\}$：決定（action）の集合，離散・有限個とする。

$p(s'|s,a)$：状態 $s\in S$ において決定 $a\in A$ をとるとき，つぎの状態が $s'\in S$ となる推移確率である。

$r(s,a)$：状態 $s\in S$ において決定 $a\in A$ をとるとき受け取る期待利得である。

Ω：観測結果の集合である。

$O(\omega|s',a)$：決定 $a\in A$ をとった結果，状態が $s'\in S$ となったとき，同時に $\omega\in\Omega$ を観測する確率である。

MDP と比べて追加されているのは観測結果の集合 Ω と観測に関する確率である。ここでは，状態は完全に把握できるわけではないため，決定空間は状態に依存しないものとしている。現在の状態と決定のみでつぎの状態への推移確率が定まるため，マルコフ性が前提になっている。また，観測結果 ω の観測確率は，決定前の（真の）状態 $s\in S$ ではなく，決定後の推移先の（真の）状態 $s'\in S$ と決定 $a\in A$ のみに依存していることに注意しよう。

問題は，各時刻 t における利得を r_t とするとき，有限期間割引期待利得 $E[\sum_{t=0}^{T}\gamma^t r_t]$，または無限期間総割引期待利得 $E[\sum_{t=0}^{\infty}\gamma^t r_t]$ を最大にするように，観測結果をみながら決定をとることである。

本章では，強化学習でも広く取り上げられている規範として，割引率のある有限期間期待利得最大化問題を中心に取り上げる。

7.2 信　　念

状態を完全に知ることはできないため，状態の把握状況を数値化して表現する必要がある。よく用いられるのは，現時点の状態が $s\in S$ である確率を定義して，その確率を更新していく方法である。その確率を決定者が持つ**信念**（belief）と呼び，$\boldsymbol{b}=\{b(s);s\in S\}$ と表現する。もちろん，$b(s)$ は非負の実数値をとり，$\sum_{s\in S}b(s)=1$ を満たす。

現在の信念が $\boldsymbol{b}$ であり，決定 a をとったとき，観測 $\omega\in\Omega$ を得る確率 $P(\omega|\boldsymbol{b},a)$

は，全確率の公式を用いて

$$P(\omega|\boldsymbol{b},a)=\sum_{s''\in S}O(\omega|s'',a)\sum_{s\in S}p(s''|s,a)b(s)$$

で与えられる。このことを用いて，観測結果 $\omega\in\Omega$ が得られたとき，つぎの期における信念 $\boldsymbol{b}'=\{b'(s);s\in S\}$ は 2.1 節で取り上げたベイズの公式を用いてつぎの式となる。

$$b'(s')=\frac{1}{P(\omega|\boldsymbol{b},a)}O(\omega|s',a)\sum_{s\in S}p(s'|s,a)b(s),\quad s'\in S \tag{7.1}$$

式 (7.1) の右辺を $\tau(s'|\boldsymbol{b},a,\omega)$ とする。

以上より，現在の信念が $\boldsymbol{b}$ であり，決定 a をとったとき，つぎの期における信念が $\boldsymbol{b}'=\{b'(s);s\in S\}$ となる推移確率 $\phi(\boldsymbol{b}'|\boldsymbol{b},a)$ は

$$\phi(\boldsymbol{b}'|\boldsymbol{b},a)=\sum_{\omega\in\Omega}\delta(\boldsymbol{b}'|\boldsymbol{b},a,\omega)P(\omega|\boldsymbol{b},a) \tag{7.2}$$

となる。ここで $\delta(\boldsymbol{b}'|\boldsymbol{b},a,\omega)$ は，すべての $s\in S$ に対し $b'(s)=\tau(s|\boldsymbol{b},a,\omega)$ のとき 1，そうでなければ 0 の値をとる定義関数である。式 (7.1) より

$$\tau(s'|\boldsymbol{b},a,\omega)P(\omega|\boldsymbol{b},a)=O(\omega|s',a)\sum_{s\in S}p(s'|s,a)b(s) \tag{7.3}$$

が成り立つ。

7.3 定　　式　　化

前節の議論から，POMDP は，状態が確率ベクトルとして表現される離散時間マルコフ決定過程として定式化できる。信念は状態数個の要素から成る確率で表現されることに注意する。

信念集合：　$B=\{\boldsymbol{b}=\{b(s),s\in S\}|\sum_{s\in S}b(s)=1,\ b(s)\geqq 0,\ s\in S\}$

決定集合：　A（離散・有限集合）

推移確率：　$\phi(\boldsymbol{b}'|\boldsymbol{b},a)$

期待利得：　$r(\boldsymbol{b}, a) = \sum_{s \in S} b(s) r(s, a)$

$T+1$ 期間の有限期間総期待利得問題では，期末 T では状態 s_T のとき $K(s_T)$ を受け取るとする。

初期の信念が $\boldsymbol{b}_0$ のとき，政策 π の下で受け取る $T+1$ 期間総割引期待利得は $V_0^\pi(\boldsymbol{b}_0)$ である。ここで，t 期の信念が $\boldsymbol{b}_t$ のときの残り期間に受け取る期待利得を $V_t^\pi(\boldsymbol{b}_t)$ とすると

$$V_t^\pi(\boldsymbol{b}_t) = \sum_{u=t}^{T-1} \gamma^u E^\pi[r(s_u, a_u)|\boldsymbol{b}_t] + \gamma^T E^\pi[K(s_T)|\boldsymbol{b}_t]$$
$$t = 0, 1, \cdots, T$$

である。

最適政策 π^* が初期における各信念 $\boldsymbol{b}$ の下で最大の期待利得を達成するとき，有限期間期待利得規範 MDP と同様に，以下の最適性方程式を満足する。

$$V_t(\boldsymbol{b}) = \max_{a \in A}\{r(\boldsymbol{b}, a) + \gamma \sum_{\boldsymbol{b}' \in B} \phi(\boldsymbol{b}'|\boldsymbol{b}, a) V_{t+1}(\boldsymbol{b}')\}$$
$$t = 0, 1, \cdots, T-1$$

ただし，T 期においては終端利得 $K(s)$ を用いて

$$V_T(\boldsymbol{b}) = \sum_{s \in S} b(s) K(s)$$

である。

初期の信念が $\boldsymbol{b}_0$ のとき，政策 π の下で受け取る無限期間総割引期待利得は

$$V^\pi(\boldsymbol{b}_0) = \sum_{t=0}^{\infty} \gamma^t E^\pi[r(s_t, a_t)|\boldsymbol{b}_0]$$

である。最適政策 π^* が初期における各信念 $\boldsymbol{b}$ の下で最大の期待利得を達成するとき，無限期間総割引期待利得規範 MDP と同様に，以下の最適性方程式を満足する。

$$V^*(\boldsymbol{b}) = \max_{a \in A}\{r(\boldsymbol{b}, a) + \gamma \sum_{\boldsymbol{b}' \in B} \phi(\boldsymbol{b}'|\boldsymbol{b}, a) V^*(\boldsymbol{b}')\}$$

7.4 値関数の線形性

信念を用いて問題をマルコフ決定過程として表現することはできた。しかし，状態は確率で表現されているため前章までで述べたような数値計算法を用いて最適政策を直接求めることは困難である。以下では，最適政策を求める際の理論的基礎となる値関数の線形性について述べる。

以下では期間 T の有限期間問題を考える。このとき値関数が区分的線形かつ凸である（piecewise linear and convex）ことを示す（より詳細は Sondik[34)]，Smallwood and Sondik[33)] を参照すること）。

より正確には，信念 $\boldsymbol{b}$ に関する値関数 $V_t(\boldsymbol{b})$ が，$|S|$ 次元ベクトルから成る有限集合 $\Theta_t = \{\theta_i = (\theta_i(s), s \in S); i = 1, 2, \cdots\}$ を用いて

$$V_t(\boldsymbol{b}) = \max_{\theta \in \Theta_t} \sum_{s \in S} b(s)\theta(s) \ \ \boldsymbol{b} \in B \tag{7.4}$$

と表現できることが知られている。この式が成り立つならば，$V_t(\boldsymbol{b})$ は各 $\boldsymbol{b} \in B$ について有限個の線形関数の最大値をとることにより表現できるため，区分的線形凸関数となることがわかる。

区分的線形凸関数であることを表す例を図 **7.1** に示す。この図では状態が 0, 1 の二つであり，したがって信念は状態 0 の確率 $b = b(0)$ のみで表現できる（状態 1 に関する信念 $b(1)$ は $b(1) = 1 - b(0)$ である）。横軸に $b = b(0)$ をとり，いくつかのベクトル $\theta_i = (\theta_i(0), \theta_i(1))$ を定義する。値関数 $V_t(\boldsymbol{b})$ は，ベクトル

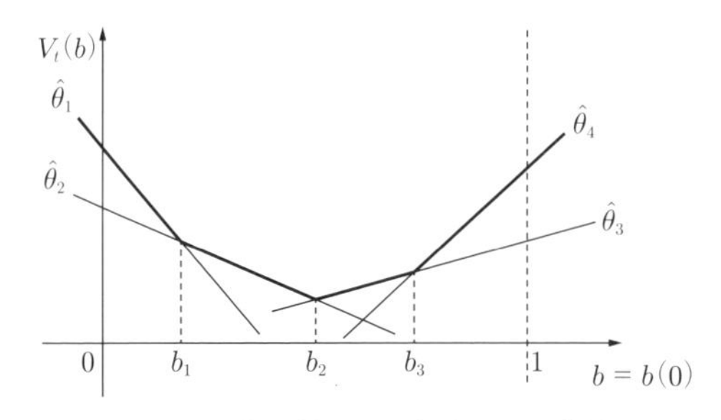

図 **7.1** 値関数の区分的線形凸関数性

θ_i による $\boldsymbol{b}$ の線形関数を用いて，その最大値として表現することができる。2 状態のときは $\boldsymbol{b} = (b(0), b(1))$ として

$$V_t(\boldsymbol{b}) = \max_{\theta_i \in \Theta_t} \{b(0)\theta_i(0) + b(1)\theta_i(1)\} = \max_{\theta_i \in \Theta_t} \{b(0)(\theta_i(0) - \theta_i(1)) + \theta_i(1)\}$$

となる。ベクトル $(\theta_i(0), \theta_i(1))$ に関する b の関数を $\hat{\theta}_i(b) = \theta_i(b, 1-b) = b(\theta_i(0) - \theta_i(1)) + \theta_i(1)$ とする。$\hat{\theta}_i(b)$ の値は $b(= b(0)) = 0$ のとき $\theta_i(1)$, $b = 1$ のときは $\theta_i(0)$ であることに注意する。

図 7.1 では, $\hat{\theta}_1(b)$, $\hat{\theta}_2(b)$, $\hat{\theta}_3(b)$, $\hat{\theta}_4(b)$ がそれぞれ区間 $(0, b_1)$, (b_1, b_2), (b_2, b_3), $(b_3, 1)$ で最大となっている。$V_t(\boldsymbol{b})$ は図の太線に当たる。

以下, 式 (7.4) により $V_t(\boldsymbol{b})$ が表現されることを証明する。有限期間 POMDP 問題に関する最適性方程式を次式で表現する。

$$V_t(\boldsymbol{b}) = \max_{a \in A} \{r(\boldsymbol{b}, a) + \gamma \sum_{\boldsymbol{b}' \in B} \phi(\boldsymbol{b}' | \boldsymbol{b}, a) V_{t+1}(\boldsymbol{b}')\}$$
$$t = 0, 1, \cdots, T-1 \tag{7.5}$$

$V_0(\boldsymbol{b})$ は初期の信念が $\boldsymbol{b}$ であるとき，$T+1$ 期間総割引期待利得が最大となる決定を選ぶときの総期待利得である。ただし，$V_T(\boldsymbol{b}) = \sum_{s \in S} b(s)K(s)$ である。また，$\Theta_t (t = 0, 1, \cdots, T)$ を値関数 $V_t(\boldsymbol{b})$ を構成する可能性のある状態集合 S 上のベクトルの集合であるとする。

定理 7.1　$V_t(\boldsymbol{b})$ は $|S|$ 次元のベクトルから成る有限集合 Θ_t を用いて式 (7.4) で表現される区分的線形凸関数である。

【証明】　帰納法で示す。$t = T$ のとき，$V_T(\boldsymbol{b}) = \sum_{s \in S} b(s)K(s)$ となることから，式 (7.4) で表現される。Θ_T の要素は唯一のベクトル $\theta = \{K(s); s \in S\}$ から成る。

ある t について有限個の $|S|$ 次元ベクトルから成る集合 Θ_{t+1} が定義され，次式が成り立つとする。

$$V_{t+1}(\boldsymbol{b}) = \max_{\theta \in \Theta_{t+1}} \sum_{s' \in S} b(s')\theta(s')$$

式 (7.5) に代入して，式 (7.2) を用いると，$\delta(\boldsymbol{b}'|\boldsymbol{b}, a, \omega) = 1$ となる $\boldsymbol{b}'$ は唯一であることから

$$
\begin{aligned}
&V_t(\boldsymbol{b}) \\
&= \max_{a \in A}\{r(\boldsymbol{b}, a) + \gamma \sum_{\boldsymbol{b}' \in B} \sum_{\omega \in \Omega} \delta(\boldsymbol{b}'|\boldsymbol{b}, a, \omega) P(\omega|\boldsymbol{b}, a) \max_{\theta \in \Theta_{t+1}} \sum_{s' \in S} b'(s')\theta(s')\} \\
&= \max_{a \in A}\{r(\boldsymbol{b}, a) + \gamma \sum_{\omega \in \Omega} \sum_{\boldsymbol{b}' \in B} P(\omega|\boldsymbol{b}, a) \delta(\boldsymbol{b}'|\boldsymbol{b}, a, \omega) \max_{\theta \in \Theta_{t+1}} \sum_{s' \in S} b'(s')\theta(s')\} \\
&= \max_{a \in A}\{r(\boldsymbol{b}, a) + \gamma \sum_{\omega \in \Omega} P(\omega|\boldsymbol{b}, a) \sum_{\boldsymbol{b}' \in B} \delta(\boldsymbol{b}'|\boldsymbol{b}, a, \omega) \max_{\theta \in \Theta_{t+1}} \sum_{s' \in S} b'(s')\theta(s')\} \\
&= \max_{a \in A}\{r(\boldsymbol{b}, a) + \gamma \sum_{\omega \in \Omega} P(\omega|\boldsymbol{b}, a) \max_{\theta \in \Theta_{t+1}} \sum_{s' \in S} \tau(s'|\boldsymbol{b}, a, \omega)\theta(s')\}
\end{aligned}
$$

となる。右辺 $\sum_{s' \in S} \tau(s'|\boldsymbol{b}, a, \omega)\theta(s')$ を最大にする $\theta \in \Theta_{t+1}$ を $\theta(\boldsymbol{b}, a, \omega) = \{\theta(s'|\boldsymbol{b}, a, \omega); s' \in S\}$ とすると式 (7.3) より

$$
\begin{aligned}
&V_t(\boldsymbol{b}) \\
&= \max_{a \in A}\{\sum_{s \in S} r(s, a)b(s) + \gamma \sum_{\omega \in \Omega} P(\omega|\boldsymbol{b}, a) \sum_{s' \in S} \tau(s'|\boldsymbol{b}, a, \omega)\theta(s'|\boldsymbol{b}, a, \omega)\} \\
&= \max_{a \in A}\{\sum_{s \in S} r(s, a)b(s) \\
&\quad + \gamma \sum_{\omega \in \Omega} \sum_{s' \in S} O(\omega|s', a) \sum_{s \in S} p(s'|s, a)b(s)\theta(s'|\boldsymbol{b}, a, \omega)\} \\
&= \max_{a \in A}\left\{\sum_{s \in S} b(s)\{r(s, a) + \gamma \sum_{\omega \in \Omega} \sum_{s' \in S} O(\omega|s', a)p(s'|s, a)\theta(s'|\boldsymbol{b}, a, \omega)\}\right\}
\end{aligned}
\tag{7.6}
$$

$\boldsymbol{b}$ が与えられたとき，式 (7.6) に示されている

$$
r(s, a) + \gamma \sum_{\omega \in \Omega} \sum_{s' \in S} O(\omega|s', a)p(s'|s, a)\theta(s'|\boldsymbol{b}, a, \omega)
$$

は，各決定 $a \in A$ に対し，ω ごとに Θ_{t+1} の中の一つのベクトル θ を選ぶ。この式は $|A||\Theta_{t+1}|^{|\Omega|}$ 個の組合せが存在する。

$\boldsymbol{b}$ を固定したとき，式 (7.6) の右辺を最大にする決定を a^* とすると，任意の決定 $a \in A$ と任意の $\theta \in \Theta_{t+1}$ について

$$
\sum_{s \in S} b(s)\{r(s, a^*) + \gamma \sum_{\omega \in \Omega} \sum_{s' \in S} O(\omega|s', a^*)p(s'|s, a^*)\theta(s'|\boldsymbol{b}, a^*, \omega)\}
$$

$$\geqq \sum_{s \in S} b(s)\{r(s,a) + \gamma \sum_{\omega \in \Omega} \sum_{s' \in S} O(\omega|s',a)p(s'|s,a)\theta(s'|\boldsymbol{b},a,\omega)\}$$

$$\geqq \sum_{s \in S} b(s)\{r(s,a) + \gamma \sum_{\omega \in \Omega} \sum_{s' \in S} O(\omega|s',a)p(s'|s,a)\theta(s')\}$$

となる。Θ_{t+1} は有限個であり，$a^* \in A$ と $\theta(\boldsymbol{b},a^*,\omega) \in \Theta_{t+1}$ で等号が成立することから

$$\Theta_t = \{\hat{\theta} = \{\hat{\theta}(s) = r(s,a) + \gamma \sum_{\omega \in \Omega} \sum_{s' \in S} O(\omega|s',a)p(s'|s,a)\theta(s'); s \in S\} \\ \mid a \in A, \theta \in \Theta_{t+1}\}$$

とすることで

$$V_t(\boldsymbol{b}) = \max_{\theta \in \Theta_t} \sum_{s \in S} b(s)\theta(s)$$

と表現できる。

すべての t において，$V_t(\boldsymbol{b})$ はベクトル集合 Θ_t により式 (7.4) で表現されることが示された。したがって，$V_t(\boldsymbol{b})$ は区分的線形凸関数である。

◇

このことから，有限期間問題では値関数は（理論上で）有限個の演算で有限時間で計算できる。実際には，Θ_t の要素数は上限 $|A||\Theta_{t+1}|^{|\Omega|}$ 個も必要ではない。$V_t(\boldsymbol{b})$ の値を達成する可能性のある $\theta \in \Theta_t$ は限られているからである。したがって，このような θ を探す方法がいくつか考えられている（witness, iterative prumming 等）が，実時間で解くためには小さな状態数の問題にいまのところ限られているようである。近年，信念がとる範囲を制限することにより計算時間を短縮することも考えられている[2),32)]。

なお，無限期間割引期待利得問題においては，仮に T 期間最適割引期待利得関数が $T \to \infty$ のとき無限期間最適割引期待利得関数に収束したとしても，値関数が区分的線形関数であるとは保証されていない（凸性は保証されている）。

7.5 ベクトル集合の生成

前節のベクトル集合の生成についてより詳しく説明するために，2 状態の過程

で，決定が2種類$a_1, a_2 \in A$，3種類の観測$\omega_1, \omega_2, \omega_3 \in \Omega$がなされる場合を考える。2状態の場合，7.4節で示されたように，信念は$\boldsymbol{b} = (b(0), b(1)) = (b, 1-b)$と1変数$b(= b(0))$で示すことができる。このとき，時刻$t+1$に関するベクトル集合$\Theta_{t+1}$により$V_{t+1}(\boldsymbol{b})$が

$$V_{t+1}(\boldsymbol{b}) = \max_{\theta \in \Theta_{t+1}} \sum_{s \in S} b(s)\theta(s)$$

と表現される。

時刻tにおいて信念b_0に対し決定aをとったとき，観測ωがなされたとしよう。

式(7.6)の中括弧内の式を

$$\begin{aligned} & r(s,a) + \gamma \sum_{\omega \in \Omega} \sum_{s' \in S} O(\omega|s',a)p(s'|s,a)\theta(s'|\boldsymbol{b},a,\omega) \\ & = \sum_{\omega \in \Omega} \left\{ \frac{r(s,a)}{|\Omega|} + \gamma \sum_{s' \in S} O(\omega|s',a)p(s'|s,a)\theta(s'|\boldsymbol{b},a,\omega) \right\} \end{aligned} \tag{7.7}$$

とする。$\{\theta(s'|\boldsymbol{b},a,\omega); s' \in S\}$は$\boldsymbol{b}, a, \omega$により定まる$\Theta_{t+1}$の要素である。この要素を$\{\theta_{t+1}(s'|\boldsymbol{b},a,\omega); s' \in S\}$とすると

$$\theta_t^{a,\omega}(\boldsymbol{b}) = \frac{r(s,a)}{|\Omega|} + \gamma \sum_{s' \in S} O(\omega|s',a)p(s'|s,a)\theta_{t+1}(s'|\boldsymbol{b},a,\omega) \tag{7.8}$$

も$\boldsymbol{b}, a, \omega$による関数である。このとき式(7.6)より

$$V_t(\boldsymbol{b}) = \max_{a \in A}\{\sum_{s \in S} b(s) \sum_{\omega \in \Omega} \theta_t^{a,\omega}(\boldsymbol{b})\} \tag{7.9}$$

である。

図**7.2**(a)は$V_{t+1}(\boldsymbol{b})$を表している。ここでは二つのベクトル$\theta_{t+1,1}$と$\theta_{t+1,2}$はΘ_{t+1}に属していてこの二つに関する関数$\hat{\theta}_{t+1,i}(b)$ $(i = 1, 2)$により$V_{t+1}(\boldsymbol{b})$が表現されている。また，関数$\hat{\theta}_{t+1,1}(b)$と$\hat{\theta}_{t+1,2}(b)$が$b = \hat{b}_{t+1}$において等しくなることを表している。

この図において，関数$\hat{\theta}_{t+1,1}$は，少なくともbが$[0, \hat{b}_{t+1}]$のとき決定a_1に対応する関数であり，また$\hat{\theta}_{t+1,2}$は，少なくともbが$[\hat{b}_{t+1}, 1]$のとき決定a_2

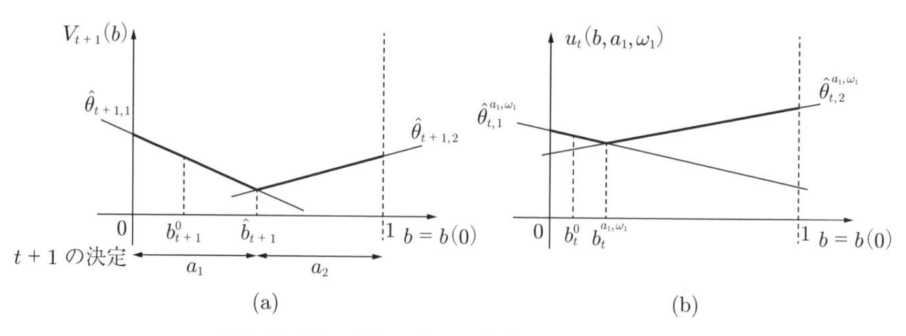

図 7.2　$V_{t+1}(\boldsymbol{b})$, $u_t(\boldsymbol{b},a,\omega)$ と $b=b(0)$ の関係

に対応する関数であるとする。なお，この例では説明をわかりやすくするため，各決定に対し一つの関数が対応しているが，後に図 7.3(c) に示すように，同じ決定でも b の値が異なれば，異なる線形関数が対応することに注意する。

この例において，時刻 $t+1$ における信念が $(b(0),b(1))$ のとき，$b=b(0)$ が $[0,\hat{b}_{t+1}]$ に属するときは時刻 $t+1$ において決定 a_1 を選ぶことが最適であり，$b\in[\hat{b}_{t+1},1]$ のときは決定 a_2 を選ぶことが最適となる。

一つの決定と観測の組 $a\in A$, $\omega\in\Omega$ に対し

$$u_t(\boldsymbol{b},a,\omega)=\sum_{s\in S}b(s)\theta^{a,\omega}_t(\boldsymbol{b})$$

と置く。式 (7.9) より

$$V_t(\boldsymbol{b})=\max_{a\in A}\{\sum_{\omega\in\Omega}u_t(\boldsymbol{b},a,\omega)\} \tag{7.10}$$

となる。

図 7.2(b) は $a_1\in A$, $\omega_1\in A$ に対する $u_t(\boldsymbol{b},a_1,\omega_1)$ を表している。図 (b) における時刻 t での信念を表す b^0_t に対し $b_{t+1}(0)=\tau(0|(b^0_t,1-b^0_t),a_1,\omega_1)$ により図 (a) の b^0_{t+1} に信念が変化する。また，$\theta^{a_1,\omega_1}_{t,i}(i=1,2)$ は，図 (a) の関数 $\hat{\theta}_{t+1,i}$ に対応するベクトルを式 (7.8) の $\theta_{t+1}(s'|\boldsymbol{b},a_1,\omega_1)$ と置いたときの関数 $\theta^{a_1,\omega_1}_t(\boldsymbol{b})$ の値を表す。

図 (b) の b^{a_1,ω_1}_t において，$\hat{\theta}^{a_1,\omega_1}_{t,1}=\hat{\theta}^{a_1,\omega_1}_{t,2}$ であり，$\tilde{b}(s)=\tau(s|(b^{a_1,\omega_1}_t,1-b^{a_1,\omega_1}_t),a_1,\omega_1)$ とすると式 (7.8) より $\hat{\theta}_{t+1,1}(\tilde{b}(s))=\hat{\theta}_{t+1,2}(\tilde{b}(s))$ であることを

示すことができる。

図 7.2(b) は観測 ω_1 のときの結果である。これらを観測 ω_2, ω_3 のときと併せて示したものが**図 7.3**(a) である。この図より，時刻 t における信念が $b = b_t(0)$ で，決定 a_1 をとったとき，つぎのことがいえる。

・$b \in [0, b^{a_1,\omega_1}]$ のとき，時刻 t における観測が ω_1, ω_2, ω_3 であるならば，時刻 $t+1$ での決定はそれぞれ a_1, a_2, a_1 が最適

・$b \in [b^{a_1,\omega_1}, b^{a_1,\omega_3}]$ のとき，時刻 t における観測が ω_1, ω_2, ω_3 であるならば，時刻 $t+1$ での決定はそれぞれ a_2, a_2, a_1 が最適

・$b \in [b^{a_1,\omega_3}, b^{a_1,\omega_2}]$ のとき，時刻 t における観測が ω_1, ω_2, ω_3 であるならば，時刻 $t+1$ での決定はそれぞれ a_2, a_2, a_2 が最適

・$b \in [b^{a_1,\omega_2}, 1]$ のとき，時刻 t における観測が ω_1, ω_2, ω_3 であるならば，時刻 $t+1$ での決定はそれぞれ a_2, a_1, a_2 が最適

$u_t(\boldsymbol{b}, a_1, \omega)$ を ω で和をとり

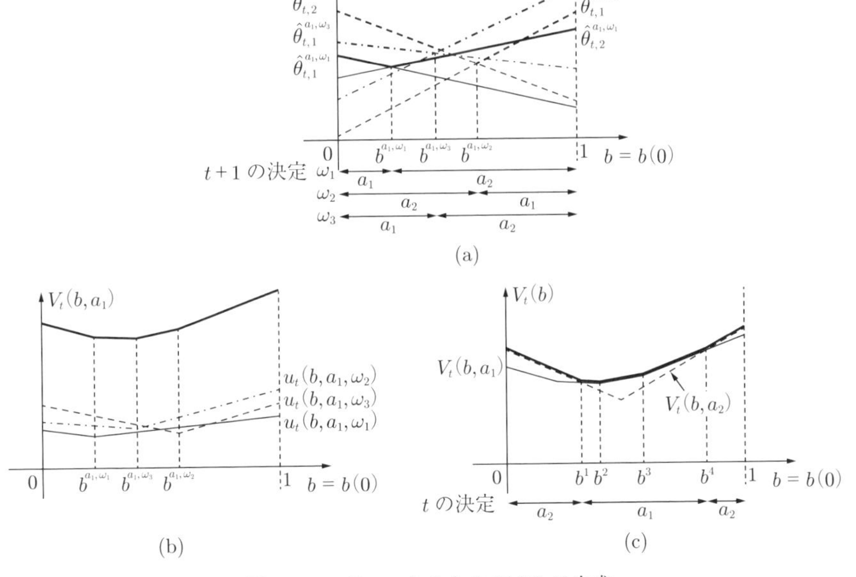

図 **7.3** $u_t(\boldsymbol{b}, a, \omega)$ からの $V_t(\boldsymbol{b})$ の生成

$$V_t(\boldsymbol{b}, a_1) = \sum_{\omega \in \Omega} u_t(\boldsymbol{b}, a_1, \omega)$$

とする。これを図 7.3(b) に示す。この例では，$V_t(\boldsymbol{b}, a_1)$ は四つの線分（線形関数）から成る区分的線形凸関数となる。

図 7.3(c) は $V_t((b, 1-b))$ を縦軸にとったグラフである。式 (7.10) より

$$V_t(\boldsymbol{b}) = \max_{a \in A} V_t(\boldsymbol{b}, a)$$

となる。この例では，決定が二つのため各 $b \in [0, 1]$ において $V_t((b, 1-b), a_1)$ と $V_t((b, 1-b), a_2)$ の大きい方の値をとる。Θ_t に属するベクトルはこの例では 5 個必要であり，区間 $[0, b^1]$, $[b^1, b^2]$, $\cdots$, $[b^4, 1]$ で $V_t(\boldsymbol{b})$ は線形となる。時刻 t において，$b \in [0, b^1]$, $b \in [b^4, 1]$ では決定 a_2 を，それ以外では決定 a_1 をとることが最適となる。

8 マルコフ決定過程の展開

これまで，各種評価規範におけるマルコフ決定過程の理論と最適政策を示してきた。本章では，大規模問題を解くための近似アルゴリズムに関する議論や，強化学習への応用，また最適政策が持つ性質の導出に関して述べる。

8.1 近似最適化アルゴリズム

3 章から 5 章まで，各規範において最適政策を求めるアルゴリズムを示してきた。一方，状態数や決定数が大きくなるにつれて，最適政策を求めるために時間が非常にかかるとともに，記憶すべきデータが大きくなる。例えば政策反復法において，連立 1 次方程式を解く必要があり，状態数の 3 乗に比例する計算量が必要となる。このことは**次元の呪い**（curse of dimensionality）と呼ばれている。

Powell[22] はつぎの 3 種類の次元の呪いがあると述べている。

・状態空間：例えば状態が k 次元 $s = (s_1, s_2, \cdots, s_k)$ と表現されているとする。それぞれの要素が N 個の値をとり得るとすると，状態数は N^k となる。k が増加すると状態数は急激に増加する。$N = 100$ として，$k = 2$ で 1 万，$k = 4$ なら 1 億，$k = 6$ なら 1 兆となってしまう。実際，問題をマルコフ決定過程として表現すると状態数は非常に大きくなることが多い。一般に知られている次元の呪いとはこのことである。

・決定空間：候補となる決定が多くあるならば，そのための確率計算や決定の比較の回数も増加する。異なる種類の決定を同時にする必要があれば，決定

も多次元 $a = (a_1, \cdots, a_l)$ となり，決定の個数が急激に増加する。

・確率空間：各状態である決定をとったとき，つぎの状態への推移先や推移確率を定める際にさまざまな要因が考えられる。例えば，生産在庫システムにおいて，生産量を決定数としたとき，つぎの期の在庫量は，実需要，機械故障など複数の要因により定まる。これらの要素をすべて考慮して，各状態，決定について推移確率あるいは1期の期待利得を求める必要がある。推移先が増加することで，推移確率行列の中で0でない項が増える（行列が密になる）ため，値反復法の和に関する0でない項数が増える。また，推移確率を記憶するための容量も増加する。

現在は，計算機のハード，ソフトの進化もあり計算時間は以前より格段に短くなってはいるが，それでも状態数が増えれば急激に計算量が増加する。例えば値反復法では状態数 × 状態数 × 決定数程度の計算を何度も反復する必要がある。政策反復法では，各反復において連立1次方程式の解を求める際，状態数の3乗に比例した程度の計算量が必要となる。

また，推移確率等の記憶容量にも限界がある。計算機上に64Gバイトのメモリを積んでいても，推移確率が密で状態数 $N \times N$ で倍精度（8バイト）の行列を確保する場合，$N = 20\,000$ で各状態での決定数を100として $20K \times 20K \times 100 \times 8$ バイト $= 320$ Gバイトとなり記憶容量を超えてしまう。もちろん，確率行列をそのつど計算する，あるいは推移確率が0となる項は記憶しないなどをすることで必要な記憶容量を減らすことができるが，限界がある。

このように，問題によってはすぐに100万状態，1億状態などとなるため，3章以降で述べた計算方法では求められない場合が多い。また，実際には，真に最適な政策を求めるよりも，ある程度良い政策をできれば短時間に求めたいということが多い。このため，近似最適化アルゴリズムが研究されてきている。基本的な内容については，Bertsekas[10)]，Powell[22)] の本や論文 Powell[23)] を参考にしてほしい。

近似最適化アルゴリズムについて，つぎの2種類が想定される。

1. 推移確率，期待利得は式として既知である。必要に応じてこれらの値を計算・記憶をしながら，決定改善に必要な状態についてのみ決定の比較と改善を行う。この際，推移先に関する状態の値関数を何らかの意味で評価する必要がある。

2. 状態間の推移確率や期待利得自体必ずしも既知ではない。シミュレーションや実際の問題に適用することを繰り返しながら，価値関数や各状態でとる決定を更新していく。

後者は強化学習と関係しており，次節以降で詳しく述べる。ここでは前者について述べる。なお，前者であっても，大規模問題において推移確率や期待利得の記憶容量不足や計算時間の多さより，次節以降で述べる方法を適用することも多い。

マルコフ決定過程の最適政策の下では，多くの場合つぎのような性質を持つ(図 **8.1** 参照)。状態集合 S の部分集合 S' の範囲内でしか状態は推移しない。$S'' = S - S'$ に属する状態 s' から開始しても，いつかは集合 S' に属する状態になり，その後状態 s' には戻らない（すなわち，状態 s' は最適政策の下で一時的となる)。例えば，在庫・受注残費用を最小化するように，現時点の状態（在庫量，需要の状態等）を基に最適な発注量を定める問題では，必要以上の在庫を持っていてもつねに在庫を抱えるだけでメリットがないため，最適政策の下で持つ最大在庫量は一定の値以下しかとらない。この値を超える在庫を持つ状態は最適政策（またはそれに近い政策）ではマルコフ連鎖における一時的な状態となる。また，需要が多いことが予想される場合はその前に在庫を確保し，少ない場合は在庫を少なくするなど，在庫量以外の情報に応じて必要な在庫数が変わる。このため，需要の状況をシステムの状態に取り入れ，とり得る状態の集合を仮に可能性がある限り大きくとったとしても，最適政策下ではそのうち

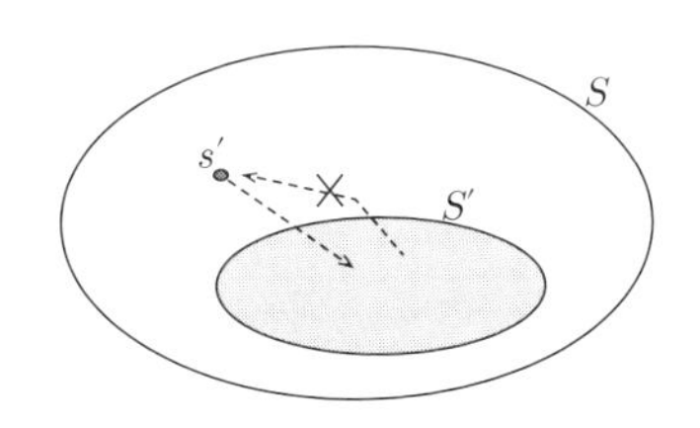

図 **8.1** 状態空間

の一部の状態にしか到達しなくなる可能性が高い。

一方で，政策反復法，修正政策反復法ともにすべてのとり得る状態について最適決定を求めようとしている。また，実際の最適政策の下では将来的に再度訪問することのない状態についても最適決定を求めようとしている。総割引期待利得あるいは相対値の計算，ならびに決定の更新に関する計算を，全状態ではなく，各利得規範を大きくする政策の下で訪問することの多い状態を中心にして行えば，より少ない計算で最適に近い政策を導けると考えられる。

また，決定についても，いきなりすべての決定について計算を行い比較すると非常に大きな計算量となる。実際には，決定空間の中には，明らかに最適ではないといえる決定が多く含まれていることがよく起こる。例えば，在庫が多いのに多くの生産を行うことが最適になるとは考えにくい。そこで，問題の構造からみてある程度適切であると思われる政策の下でシミュレーションや実験を行い，訪問した状態とその周辺の状態に関する相対値と平均利得を推定するとともに，政策改良の際も，すべての決定について計算して比較するのではなく，現在の決定とその決定に近い（近傍の）決定に関してのみ比較を行うことにより効率的に良い決定が生まれてくると考えられる。

平均利得規範に関しては，SBMPIM（大野[3),20)]），Arruda and Fragaso[6)]等多くが提案されている。また，候補となる決定を絞る方法についてもいくつか提案されているが，決定的な方法はまだ定まっていない。

総割引期待利得問題については，最適値関数 $V_\gamma^*(s)$ をパラメータと基底関数を用いて近似する方法が提案され，多くの問題に適用されている。パラメータ $f_1, f_2, \cdots, f_K$ を用いて最適値関数を

$$V_\gamma^*(s) = \sum_{k=1}^{K} f_k \phi_k(s), \quad s \in S$$

と近似する。ここで $\phi_k(s)$ は状態 s に関する基底関数であり，多項式や指数関数等のあまり複雑でない関数とすることが多い。また，基底関数の個数 K は数個〜十数個程度といった非常に少ない値をとる。何らかの形で繰り返し計算を行うことで，パラメータを更新していく。この方法を適用することによる成果

がこれまで得られている（Saure and Puterman[27] 等）。また，基底関数を用いながら，次節以降で述べる TD 法等を組み合わせることも提案されている。ただし，政策が収束せず振動する場合も存在する（Bertsekas[11]）。

近年では数理計画ソフトウェアの発展，解析手法の進展から，線形計画問題としての定式化を用いた解法もいくつか提案されている（例えば Lee ら[18]）。また，平均利得規範に対する近似最適化アルゴリズムの提案は数少ない。研究のさらなる発展が望まれる。

8.2 強化学習とマルコフ決定過程

近年の人工知能分野において，マルコフ決定過程を基礎とする**強化学習**（reinforcement learning）が発展している。この節では，強化学習の基本となる TD アルゴリズム，Sarsa，Q 学習（Q learing）アルゴリズムについて述べる。詳細は，Sutton[36]，Szepesvari[37]，牧野ら[2] を参考にしてほしい。

3～5 章のマルコフ決定過程は，いずれも状態空間，決定空間，1 期の期待利得，状態の推移確率が既知であるとしている。また，7 章の部分観測可能マルコフ決定過程は，状態は得られた情報により一部のみ観測可能であり，決定や観測される出力を見ながら現時点の状態の確率を信念として予測して決定を行っていた。

一方，人工知能の分野で扱われる問題の多くは，推移確率や期待利得自体が未知である。さらに，実際の問題に適用する際とり得る状態の数は膨大になる。また，有限期間問題として実質扱われている場合も多く，この場合は経過時間または残り時間が状態に含まれているとするときがある。このように状態空間の要素が非常に多くなるため，推移確率を正確に求めたり，将来の価値を正確に求めること自体困難である。一方，定められた規範において訪問することが好ましい状態の集まりが存在し，そのような状態群ならびにそれらに近い状態について，価値関数をより正確に評価することが望ましい。

このため，シミュレーション実験や実際の問題の試行を繰り返し行い，学習を繰り返すことで，現在（または1期前）の状態，あるいは決定に関する評価を行い，価値関数を更新していくことが有効であると考えられる。その基礎として広く知られている方法が Sarsa や Q 学習アルゴリズムである。

以下では，有限状態，有限決定空間，利得が有界である場合を扱う。また，強化学習の理論では，総割引期待利得規範を基礎としていることが多い。このため，以下では総割引期待利得規範とする。

ただし，実質的な有限期間問題を取り扱えるように，吸収状態を認める。すなわち，ある状態で過程としては停止する（それ以降の利益は0とする）ような状態を認める。例えば，囲碁において，現在の盤面を状態，つぎの一手を決定とする場合は，対戦の勝利を目的としており，あと何手で対戦が終わるかは確定的ではない。この場合は勝ち負けが決したときは吸収状態となる。運転や移動をして目的地に到達するために，どの経路を選べば最短で到達できるかといった問題では，移動時間が道路状況等により変動し，また目的地に着いた状態が吸収状態となると考えられる。このような場合は，実質的には不確定な有限の期間を持つ総割引期待利得問題となる。

この節では，以下の要素から成るマルコフ決定過程を考察する。

状態空間 $S=\{0,1,2,\cdots,N-1\}$：時刻 t における状態 $s_t \in S$

決定空間 $A(s)$：有限空間，時刻 t における決定 $a_t \in A(s_t)$

推移確率 $p(s'|s,a)$：状態 $s \in S$ で決定 $a \in A(s)$ をとるとき，状態 s' に推移する真の確率（$s' \in S$）

利得関数 $r(s,a,s')$：状態 s で決定 a をとり，つぎの状態が s' であるとき受け取る真の利得

r_t：時刻 t において受け取る利得，$r_t = r(s_t, a_t, s_{t+1})$

γ：割引率

この節ではつぎの状態 s_{t+1} に依存して受け取る利得は定まるが，それは時刻 t で受け取るとする。強化学習の分野では，つぎの推移先を基に利得を得るとする考え方から，時刻 $t+1$ に利得 r_{t+1} を受け取るとすることが多いが，つねに割引率 γ を掛けるか否かの違いであり，本質的な意味での差異はない。

強化学習では，通常推移確率，利得関数は未知であるとする。政策空間は確率的な政策を含むマルコフ政策 Π_m とする。政策 $\pi \in \Pi_m$ において，状態 s のときに決定 $a \in A(s)$ をとる確率を $\pi(a|s)$ とする。また，決定性のマルコフ政策の場合は状態 s でとる決定を $\pi(s)$ と表す。

初期状態が s であるとき，政策 $\pi \in \Pi_m$ の下で受け取る総割引期待利得を

$$V^\pi(s) = E^\pi\left[\sum_{n=0}^{\infty} \gamma^t r_t | s_0 = s\right]$$

とする。また，時刻 t から先に受け取る利得を

$$G_t = \sum_{\tau=0}^{\infty} \gamma^\tau r_{t+\tau}$$

と表記する。すなわち，$V^\pi(s) = E^\pi[G_0|s_0 = s]$ となる。

状態には，残り期間または経過時間が含まれている場合もある。例えば初期からの経過時間が t であり，現在の状態が s であることを改めて状態 $\hat{s} = (s, t)$ と表現することもある。この場合，状態 $\hat{s}$ は高々 1 回しか訪問されることがないことに注意する。

また，有限の T 期間問題とする場合は，吸収状態 $\hat{s} = (s, T)$ を用いて，吸収状態に入ってからはその状態に確率 1 で推移し受け取る利得を恒久的に 0 であるとして扱う。

8.2.1　状態価値と行動価値

4 章で述べた総割引期待利得は，初期状態が s であるときの将来受け取る期待利得であり，その意味で $V^\pi(s)$ は現在の状態 s に関する**状態価値**（state value）という。また

$$V^{\pi^*}(s) = \sup_{\pi \in \Pi_m} V^\pi(s), \quad s \in S$$

が成り立つとき，政策 π^* は最適政策と呼ぶ。

これに対し，状態 s で決定 $a \in A(s)$ をとると定めたとき，それ以降政策 π をとるときに受け取る総割引期待利得を

$$Q^{\pi}(s,a) = E^{\pi}[G_0 | s_0 = s, a_0 = a]$$

と置く。この値を状態 s および決定 a の**行動価値**（action value）と呼ぶ。最適行動価値関数を

$$Q^*(s,a) = Q^{\pi^*}(s,a) = \sup_{\pi \in \Pi_m} Q^{\pi}(s,a)$$

とする。

これまで述べているように，推移確率等が未知で状態が膨大であることを想定している。したがって，これらの値を直接求めることは無理である。以下では，TD アルゴリズムでは状態価値関数を，Sarsa や Q 学習では行動価値関数を学習により更新していく。TD アルゴリズムはある固定した政策の下での状態価値関数の更新をする。Sarsa や Q 学習では，行動価値関数の更新を通して各状態における決定自体も実質的に更新していく。

8.2.2 TD アルゴリズム

最適化の前に，政策 π を固定したとき，時刻 t から一つの状態列 $\{s_t, s_{t+1}, \cdots\}$ と利得列 $\{r_t, r_{t+1}, \cdots\}$ が情報として得られたとき，状態価値関数 $V^{\pi}(s)$ を以下の式で評価することを考える。

$$V^{\pi}(s_t) = r_t + \gamma r_{t+1} + \gamma^2 r_{t+2} + \cdots$$

このとき

$$V^{\pi}(s_{t+1}) = r_{t+1} + \gamma r_{t+2} + \gamma^2 r_{t+3} + \cdots$$

となることから

$$V^{\pi}(s_t) = r_t + \gamma V^{\pi}(s_{t+1})$$

を得る。

$$\delta_t = r_t + \gamma V^{\pi}(s_{t+1}) - V^{\pi}(s_t) \tag{8.1}$$

を状態価値関数に関する **TD 誤差**（temporal difference error）と呼ぶ。TD

誤差は，これまでの経験から得た状態 s_t に関する評価値 $V^\pi(s_t)$ と，実際の新たな経験（例えば計算機上のシミュレーションや実際の対象物に対する実験）から得た状態と利得の列 (s_t, r_t, s_{t+1}) から評価した利得 $r_t + \gamma V^\pi(s_{t+1})$ との差を表している。

これより，状態価値関数をつぎの式で更新する方法が TD 法である。

$$V^\pi(s_t) \leftarrow V^\pi(s_t) + \alpha\{r_t + \gamma V^\pi(s_{t+1}) - V^\pi(s_t)\} = V^\pi(s_t) + \alpha\delta_t$$

すなわち，状態 s_t における状態価値を TD 誤差の α 倍により修正している。

1 回のシミュレーション内で時刻を追ってこの更新を行う。このシミュレーションを繰り返すことにより $V^\pi(s_t)$ を正確な値に近付けていく。1 回のシミュレーションは有限期間で終える。終端を表す吸収状態が存在するならば，吸収状態に到達すると一つのシミュレーションを終え再度初期状態からシミュレーションを行う。これを繰り返すことにより政策 π の下で状態価値を求めていく。

α は 0.001 から 0.1 程度の値を設定する場合が多いが，収束のスピードや安定性については問題依存であるため，値を変えながら，適切な数値を選んでいく。

同様に，政策 π の下で行動価値関数 $Q^\pi(s, a)$ を定義することができる。

この方法はある政策 π における価値関数を更新することを目的としており，そのことが最適な決定にただちにつながるわけではない。したがって，経験を積みながらこれらの価値関数を多様に評価して，同時により良い決定を選択することが望まれる。

8.2.3 Sarsa, Q 学習

行動価値関数を更新しながら，より良い決定を行う方法として Sarsa や Q 学習アルゴリズムがある。

Sarsa ではつぎのように行動価値関数を更新する。

初期値 $Q(s, a)$ （$s \in S,\ a \in A(s)$） を与える。一つのシミュレーションにおいて，つぎの計算を行う。

・初期状態 s_0 と決定 a_0 を定め，$t = 0$ とする。

・時刻 t で状態 s_t であり，決定 a_t をとることで利得 r_t を受け取り，つぎの状態が s_{t+1} となったとき，つぎの決定 a_{t+1} を選択して，状態と決定の組 (s_t, a_t) の行動価値関数をつぎの式で更新する。

$$Q(s_t, a_t) \leftarrow (1-\alpha)Q(s_t, a_t) + \alpha(r_t + \gamma Q(s_{t+1}, a_{t+1})) \tag{8.2}$$

ここで α はパラメータで $0 < \alpha < 1$ である。すなわち，これまでの評価値と実際の経験値で受け取った利得から生まれる評価の重み付け和をとっている。また，計算の際，決定 a_{t+1} を選択した上で時刻 t における状態と決定の組 (s_t, a_t) に対する行動価値関数を更新していることに注意する。

・時刻 t を 1 進め，状態 s_{t+1} と決定 a_{t+1} について同様の計算を行う。終端状態に達すると計算を終える。

このシミュレーションを繰り返す。

更新の際必要な決定 a_{t+1} の選択にはさまざまな方法がある。一つは確率 $1-\varepsilon$ で $\max_{a \in A(s_{t+1})} Q(s_{t+1}, a)$ を最大にする a を選び，確率 ε で決定空間 $A(s_{t+1})$ からランダムに（等確率で）選ぶ方法（ε グリィーディ法）である。あるいは，現在の行動価値に基づき，決定 a を選択する確率を

$$p(a) = \frac{e^{Q(s_{t+1}, a)/\tau}}{\sum_{a' \in A(s_{t+1})} e^{Q(s_{t+1}, a')/\tau}}$$

とする（Gibbs 分布（ボルツマン分布）を用いる）方法である。ここで τ は温度を表し，τ が高い（値が大きい）ほどランダムな決定の選択に近付く。τ の値が小さいほど，高い確率で行動価値の大きな決定を選択することを意味する。

式 (8.2) を変形すると

$$Q(s_t, a_t) \leftarrow Q(s_t, a_t) + \alpha(r_t + \gamma Q(s_{t+1}, a_{t+1}) - Q(s_t, a_t))$$

となる。第 2 項にある $r_t + \gamma Q(s_{t+1}, a_{t+1}) - Q(s_t, a_t)$ は行動価値関数に関する TD 誤差である。

学習が正しく動作することができれば TD 誤差（の絶対値）は時間の経過とともに小さくなる。α が小さい方が揺らぎが大きくないため収束の可能性が高い

と期待されるが，長い時間の経験（シミュレーション）が必要である。また，この更新は初期状態と，$Q(s,a)$ の初期値，それに伴うアルゴリズムの初期においてとる決定政策に依存するため，学習効果もこれらに依存する。なお，Sarsa の名前は，状態，決定，利得の組 $(s_t, a_t, r_t, s_{t+1}, a_{t+1})$ から行動価値関数 $Q(s_t, a_t)$ を更新することから，この変数の記号の組からとられている。

Q 学習は最適性方程式に基づく方法である。Sarsa と異なるのは，つぎの期については現時点の行動価値関数に基づき最適な決定を用いているところである。

Q 学習では行動価値関数をつぎの式で更新する。列 $\{\alpha_t; t = 1, 2, \cdots\}$ を用いて

$$Q(s_t, a_t) \leftarrow (1-\alpha_t)Q(s_t, a_t) + \alpha_t(r_t + \gamma \max_{a \in A(S_{t+1})} Q(s_{t+1}, a))$$

とする。Q 学習は Sarsa と異なり，評価値の更新につぎの期の決定 a_{t+1} を用いていない。一般的には，Sarsa と比べて Q 学習の方が収束が速いと期待されるが，一方でより好ましい状態に多く訪れるため，あまり訪問・選択されないような状態と行動の組については Sarsa と比べて更新されにくい。

Q 学習アルゴリズムは以下の条件の下で $Q_n(s,a)$ が $Q^*(s,a)$ に確率 1 で収束することが知られている。ただし，最初の条件である各組を無限回数訪問するという条件は現実には満たすことができないため，理論上の結果である。3 番目の条件から，α_t は時間 t の経過とともに 0 に近付く必要がある。

- S, $A(s)$ が有限であり，各組 (s,a) を無限回数訪問する。
- $\displaystyle\sum_{t=0}^{\infty} \alpha_t = \infty$
- $\displaystyle\sum_{t=0}^{\infty} \alpha_t^2$ が有限である。

計算を途中で打ち切ったときの解の近似性について保証はないため，TD アルゴリズム等と同様，α_t を一定の値として計算することも多いようである。

8.2.4 TD(λ), Sarsa(λ) アルゴリズム

Sarsa や Q 学習は，つぎの期の状態と決定を考慮して価値関数あるいは行動

価値関数を更新している。しかし，これでは評価として不十分な場合も多い。このため，ある程度の期間分状態・決定の評価を行い，その関数値で現在の状態に対する価値関数あるいは状態・決定に関する行動価値関数を更新する方法が考えられる。

ある政策 π が与えられたとする。また，$0 \leqq \lambda \leqq 1$ とする。TD(λ) アルゴリズムは以下の式を基に価値関数 V^π を更新する（Sutton[36]）。

$$V^\pi(s_t) \leftarrow V^\pi(s_t) + \alpha z(s_t) \sum_{m=t}^{\infty} (\gamma\lambda)^{m-t} \delta_m$$

ここで δ_t は TD 誤差であり

$$\delta_t = r_t + \gamma V^\pi(s_{t+1}) - V^\pi(s_t)$$

である。この式を書き換えて

$$V^\pi(s_t) \leftarrow V^\pi(s_t) + \alpha z(s_t)(u_t(\lambda) - V^\pi(s_t))$$

ここで

$$\begin{aligned} u_t(\lambda) &= V^\pi(s_t) + \sum_{m=t}^{\infty} (\gamma\lambda)^{m-t} \delta_m \\ &= V^\pi(s_t) + \delta_t + \gamma\lambda(u_{t+1}(\lambda) - V^\pi(s_{t+1})) \\ &= r_t + \gamma(\lambda u_{t+1}(\lambda) + (1-\lambda)V^\pi(s_{t+1})) \end{aligned}$$

である。

$z(s)$ は時刻 t においてつぎのとおり更新される。$t = 0$ において $z(s) = 0$ とし

・$s = s_t$ のとき $1 + \gamma\lambda z(s)$

・$s \neq s_t$ のとき $\gamma\lambda z(s)$

$\lambda = 0$ のとき前に述べた TD アルゴリズムである。基本的なオンライン型（シミュレーション内で随時価値関数を更新する）の TD(λ) アルゴリズムは以下のとおりである。

1.　$V(s)$ を初期化する。すべての $s \in S$ について $z(s) = 0$ とする。

2.　以下のシミュレーションを1回とし，これを繰り返す。各シミュレーションは，終端状態に達したとき，あるいはあらかじめ設定した終了時刻 T に達したとき終える。

・s_0 を設定する。

・各時刻 t において，以下を繰り返す。

状態 s_t で政策 π により決定 a_t を選択する。その結果得られる利得 r_t とつぎの状態 s_{t+1} を観測する。

$$\delta_t = r_t + \gamma V(s_{t+1}) - V(s_t)$$

と置き，また s_t に対し $z(s_t) = 1 + z(s_t)$ とする。

すべての状態 $s \in S$ について

$$V(s) \leftarrow V(s) + \alpha z(s) \delta_t$$

$$z(s) = \gamma \lambda z(s)$$

とする。

Sarsa(λ) は行動価値関数 $Q(s, a)$ をつぎのとおり繰り返し更新する。基本的に TD(λ) と同様の形であるが，決定の選択はその時点での行動価値関数の評価値に基づき決定される。

基本的なオンライン型 Sarsa(λ) アルゴリズムは以下のとおりである。

1.　$Q(s, a)$ を初期化する。すべての $s \in S$, $a \in A(s)$ について $z(s, a) = 0$ とする。

2.　以下のシミュレーションを1回とし，これを繰り返す。

・s_0, a_0 を設定する。

・各時刻 t において，以下を行う。

状態 s_t で決定 a_t を選択した結果得られる利得 r_t とつぎの状態 s_{t+1} を観測する。

現在の行動価値関数 $Q(s_{t+1}, a)$ を基に，Sarsa で述べた方法（ε グリーディー法，Gibbs 分布を用いる方法等）により状態 s_{t+1} における決定 a_{t+1} を定める。

$$\delta_t = r_t + \gamma Q(s_{t+1}, a_{t+1}) - Q(s_t, a_t)$$

と置き，また組 (s_t, a_t) に対し $z(s_t, a_t) = 1 + z(s_t, a_t)$ とする。

すべての状態 $s \in S$, $a \in A(s)$ について

$$Q(s,a) \leftarrow Q(s,a) + \alpha z(s,a)\delta_t$$

$$z(s,a) = \gamma\lambda z(s,a)$$

とする。

初期において $z(s,a) = 0$ としているので，状態と決定の組 (s,a) があるシミュレーション中に (s_t, a_t) として選ばれない限り，$Q(s,a)$, $z(s,a)$ は更新されない。

Q(λ) アルゴリズムは，Q 学習アルゴリズムを一般化したものである（Watkins のアルゴリズム[39]）。しかし，$Q(s,a)$ の値更新の際，Q 学習のように a_{t+1} について最適な決定を選択することは λ を用いた意味が薄れる。このため，いくつかの種類の Q(λ) アルゴリズムが提案されている。

ここで述べたものは基本的なものであり，状態 s を訪問して決定 a としたとき $z(s,a)$ を 1 増やすのではなく 1 にリセットする，λ の値を時間経過とともに変えるなど，さまざまな変形したアルゴリズムが存在する。また，決定集合の要素数が多い場合は $Q(s,a)$ の個数は非常に多くなってしまい，事実上計算ができない場合がある。そこで，各時刻で $Q(s,a)$ の値をすべて更新するのではなく，シミュレーション単位でそれまでに訪問した状態についてのみ更新する方法も考えられる。

8.3 決定直後の状態を用いた近似アルゴリズム

前節の Sarsa，Q 学習アルゴリズムはおもに行動価値関数の更新に焦点を当

てている。状態と決定の組合せによるものであり，特に決定の種類が多いと組合せの数は膨大になる。一方，多くのマルコフ決定過程の問題は，決定直後の状態を基につぎの決定への状態推移を確率的に行うと考えることができる。例えば，在庫位置（inventory position）を状態としてとる在庫問題を考える。ここで在庫位置とは，実際に在庫として保管される製品の量（実在庫量）から，発注したがまだ届いていない製品の量を加えて，受注残（顧客が要求したが在庫がないため満たされていない需要量）を引いた値である。この場合，在庫位置 s で発注量 a の場合と，在庫位置 $s+1$ で発注量 $a-1$ の下では，決定直後の在庫位置は同じ $s+a$ になる。このように異なる状態であってもそれぞれの決定のとり方により決定直後の状態が同じになる。その後の推移確率が同じであれば，決定直後の状態に関する状態価値関数を対象にすることにより，少ない計算量・記憶量で関数値を更新することができる。

以下では，Powell[23] で述べられている近似解法を示す。ここでは，有限期間上の総割引期待利得最適化問題を取り上げる。前節の Sarsa に近いが，決定直後の状態に注目していることに注意する。また，$r(s,a)$ を既知として決定の比較をする点で，前節とは異なる。

状態 s_t で決定 $a \in A(s_t)$ をとったときの直後の状態を s_t^a とする。さらに，時刻 $t+1$ での状態 s_{t+1} への推移確率は，s_t^a により計算できるとしよう。先の在庫問題の例では，発注量 a を決定とすれば，発注直後の在庫位置 s_t^a は，s_t に発注量 a を加えたものになる。そうすると，有限 T 期間割引期待利得問題の最適性方程式はつぎの式で表現することができる。γ は割引率である。

$$V_t(s_t) = \max_{a \in A(s_t)} \{r(s_t, a) + \gamma \hat{V}_t(s_t^a)\}, \quad t = 0, 1, \cdots, T-1 \tag{8.3}$$

$$\hat{V}_t(s_t^a) = E[V_{t+1}(s_{t+1})|s_t^a]$$

この $\hat{V}_t(s_t^a)$ を何らかの形で近似したい。この値は決定直後の状態 s_t^a により定まることに注意しよう。

以下に示す方法は，サンプルパスを何度も発生し（シミュレーションを何度も実行し)，出力される各期の状態，特に決定直後の状態に関する価値関数 $\hat{V}_t$ を更新していく方法である。

n 回目のシミュレーションにおける状態と決定の列を $\{s_t^n, a_t^n; t=0,1,\cdots\}$ と定義する。各時刻での決定直後の状態を一般に $s_t^{A,n}$ とする。また，状態 s_t で決定 a をとった直後の状態を s_t^a とする。シミュレーションごとに，t 期において $\bar{V}_t^n$ をつぎの式で更新する。

$$\bar{V}_t^n = \max_{a \in A(s_t^n)} \{r(s_t^n, a) + \gamma \hat{V}_t^{n-1}(s_t^a)\}$$

$\bar{V}_t^n$ は t 期以降の期待利得であり，$\hat{V}_t^n$ は $t+1$ 期以降の期待利得に対応していることに注意する。

$t>0$ のとき，一つ前の時刻 $t-1$ での状態 s_{t-1}, 決定 a_{t-1} に関する決定直後の状態 $s_{t-1}^{A,n} = s_{t-1}^{a_{t-1}}$ の状態価値関数を更新する。

$$\hat{V}_{t-1}^n(s_{t-1}^{A,n}) = (1-\alpha_{n-1})\hat{V}_{t-1}^{n-1}(s_{t-1}^{A,n}) + \alpha_{n-1}\bar{V}_t^n$$

この更新は状態 $s_{t-1}^{A,n}$ に対してのみ行うので，シミュレーションの回数 n は相当数必要である。

α_n は 0.001 から 0.1 前後が多いが問題により効率的な値とする。n が大きくなるほど α_n を小さくすることで，初めは更新する値を大きくし，シミュレーションを繰り返すごとに更新の幅を小さくして安定的に収束させることができると考えられるが，確実な設定方法があるわけではなく，シミュレーション実験を繰り返す等で適切な値，減少率を設定する。

有限期間総割引期待利得問題に関する近似値反復法をつぎに示す。

1.　シミュレーション回数 N を定める。決定直後にとることのできるすべての状態 s_t^A に対し，$\hat{V}_t^0(s_t^A)$ を定める。$n=1$ とする。

2.　初期状態 $s_0^{A,n}$ とサンプルパス ω^n を乱数等により定める。サンプルパスは，以下の決定や推移を定める確率変数の実現値の列である。

3.　$t=0,1,\cdots,T-1$ の順につぎの計算を行う。

確率 ε でランダムに決定 $\hat{a} \in A$ を選び

$$\bar{V}_t^n = r(s_t^n, \hat{a}) + \gamma \hat{V}_t^{n-1}(s_t^{\hat{a}})$$

とする。また，確率 $1-\varepsilon$ で，つぎの右辺を最大化する決定を選ぶ（ε グリーディー法）。

$$\bar{V}_t^n = \max_{a \in A(s_t^n)} \{r(s_t^n, a) + \gamma \hat{V}_t^{n-1}(s_t^a)\} \tag{8.4}$$

$t > 0$ のとき，時刻 $t-1$ の決定直後の状態 $s_{t-1}^{A,n} = s_{t-1}^{a_{t-1}}$ に関する状態価値関数をつぎの式で更新する。

$$\hat{V}_{t-1}^n(s_{t-1}^{A,n}) = (1-\alpha_{n-1})\hat{V}_{t-1}^{n-1}(s_{t-1}^{A,n}) + \alpha_{n-1}\bar{V}_t^n$$

式 (8.4) を最大化する決定を a_t^n とし，決定直後の状態 $s_t^{a_t^n}$ からサンプルパス ω^n を基につぎの状態 s_{t+1}^n を定める。

4.　n を 1 増やす。$n \leqq N$ のとき 2. に戻る。$n > N$ ならば $\hat{V}_t^N$ $(t = 1, 2, \cdots, T)$ の値を返す。

時刻 t における各状態 s_t の決定は，このアルゴリズムで求めた $\hat{V}_t^N$ を用いて式 (8.3) により求めることに注意する。

無限期間総割引期待利得問題であれば，各状態についてとる最適決定は時刻によらないので，3. について添字 t を除いて，その代わり 3. の反復を繰り返せばよい。

この方法で設定すべきことは

初期設定 $\hat{V}_t^0(s_t^A)$ の値，初期状態 $s_0^{A,n}$

シミュレーション回数 N

ε の設定

である。

初期状態と関数については，ある程度良いと期待される政策を一つ定め，シミュレーションや問題の試行等で推定する方法が考えられる。状態数が少ない，またはその政策での到達可能な状態が限られていて推移確率や利得 $r(s, a)$ が既知の場合は，通常のマルコフ決定過程の計算方法により価値関数を求めて，それを目安として設定することも考えられる。状態数が大きい場合は，主要な状態についてはシミュレーション等で推定し，同時にその中で訪問した状態についても同時に関数値を計算していく方法が考えられる。初期状態は与えられた問題について望ましい，あるいはよく訪問されると期待できる状態とする場合が多い。ただし，ここで述べた方法は最適政策（とその価値関数）への収束性は保証されていない。

つぎの期の状態に進む際，最適な決定を選択していく方法を learning policy と呼ぶ。上記のアルゴリズムでは，つぎの期に進むときは式 (8.4) の右辺を最大化する決定を a_t^n として決定後の状態 $s_t^{a_t^n}$ を基につぎの期の状態 s_{t+1}^n が定まっている。一方，上記のように $\hat{V}_{t-1}^n$ の値を更新しながらも，t 期の決定 a' をランダムに選んで決定直後の状態を $s_t^{a'}$ として $t+1$ 期の状態 s_{t+1}^n を定める方法も存在し，sampling policy と呼ぶ。

■ exploit と explore

近似アルゴリズムや強化学習の分野では，“exploit and explore” と呼ばれる概念が存在する。**exploit**（活用）は，現在の知識を基に，現在の状態の下で最善と思える決定を行うことを示す。上記の learning policy が該当する。**explore**（探索）は，現在の状態において，つぎの推移先の状態の価値を探索する（新しい知見を得る）ことである。これは上記の sampling policy が該当する。後者は，まだ評価が定まっていない（アルゴリズムであまり訪れていない）状態を評価する，あるいは推移したその先の推移をみて何らかの評価を下すことを意味する。つぎの例を見てみよう。

例 8.1　(Powell[23]) 状態 1, 2 の 2 状態であり，状態 1 では決定 1 のとき利得 0 で状態 1 にとどまり，決定 2 のとき利得 -1 で状態 2 に進む (**図 8.2** 参照)。状態 2 のとき，決定 1 で利得 0 で状態 2 にとどまり，決定 2 で利得 10 で状態 1 に進む。仮に初期状態が 1 として，価値関数 $V(s)$ の初期値を 0 とする。この

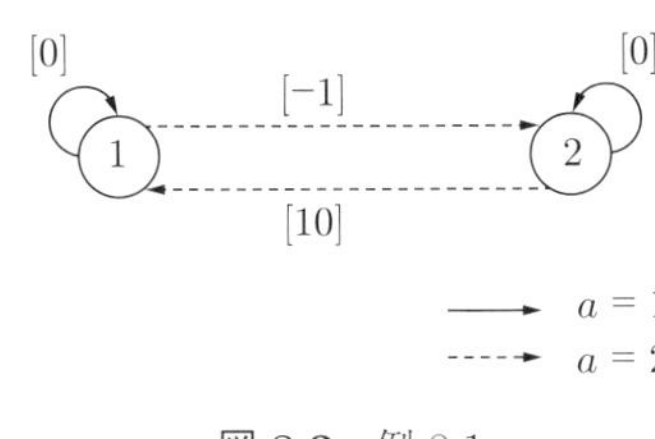

図 8.2 例 8.1

とき，近視眼的な決定では，状態 1 で決定 1 をとると状態価値関数は $0+V(1)=0$，決定 2 では $-1+V(2)=-1$ となり，決定 1 となる。これが exploit，すなわち最善と思えるものを選択することに対応する。しかし，あえて決定 2 をとることで，状態 2 に進み，状態 2 についても調べるとすると，状態 2 では決定 1 のとき，$0+V(2)=0$，決定 2 のとき $10+V(1)=10$ となり，決定 2 をとることで価値関数は大きな値をとる。これにより，状態 1 の決定も 2 をとる可能性が高まる。このことは，まだ調べていない状態 2 を調べる（explore）ために確率的に状態 1 で決定 2 をとる可能性を認めることで，適切に価値関数の評価を得てより良い政策への発見につながる場合があることを意味している。

---

exploit と explore のバランスをどうとるかは，近似最適政策の精度や収束速度に影響を与える。

8.4 最適政策の性質

マルコフ決定過程の最適性方程式を用いて最適政策が持つ構造的性質を理論的に求める際に，価値関数が持つ性質を用いて証明することが多い。以下客の到着許可問題を例に挙げてその概要について述べる（Stidham[35] 等）。

8.4.1 客の到着許可問題

6 章の例 6.1 について考える。この例では，待ち行列において系内人数を見て客を受け入れるかどうかを定める問題であった。この問題は総割引期待利得を規範とする連続時間マルコフ決定過程であるが，一様化によりつぎの最適性方程式を持つ離散時間問題に変換される。

$$\hat{V}_\gamma^*(s) = -sh\frac{1}{\alpha+\Lambda} + \gamma\left\{\frac{\mu}{\Lambda}\hat{V}_\gamma^*(s-1) + \frac{\lambda}{\Lambda}\max\{r+\hat{V}_\gamma^*(s+1), \hat{V}_\gamma^*(s)\}\right\}$$

$$s \geqq 1$$

$$\hat{V}_\gamma^*(0) = \gamma\left\{\frac{\mu}{\Lambda}\hat{V}_\gamma^*(0) + \frac{\lambda}{\Lambda}\max\{r+\hat{V}_\gamma^*(1), \hat{V}_\gamma^*(0)\}\right\}$$

ここで $h>0, r>0$ とする。これに対し，値反復法に対応するつぎの漸化式を考える。

$$v^{n+1}(s) = -sh\frac{1}{\alpha+\Lambda} + \gamma\left\{\frac{\mu}{\Lambda}v^n(s-1) + \frac{\lambda}{\Lambda}\max\{r+v^n(s+1), v^n(s)\}\right\}$$

$$s \geqq 1,\ n \geqq 0 \tag{8.5}$$

$$v^{n+1}(0) = \gamma\left\{\frac{\mu}{\Lambda}v^n(0) + \frac{\lambda}{\Lambda}\max\{r+v^n(1), v^n(0)\}\right\} \tag{8.6}$$

$v^0(s)=0$ とする。このとき，関数 $v^n(s)$ に関するつぎの性質を示す。

(a)　$v^n(s+1) \leqq v^n(s)$

(b)　$v^n(s)$ は concave（凹関数）である。すなわち，$s \geqq 0$ について

$$v^n(s+2) - v^n(s+1) \leqq v^n(s+1) - v^n(s) \tag{8.7}$$

が成り立つ。

式 (8.5) において，最大化の項の第 1 項より第 2 項が値が大きいことは状態 s で客を受け入れないことと対応している。

式 (8.7) が成り立つならば

$$r + v^n(s+1) \leqq v^n(s) \ \Rightarrow\ r + v^n(s+2) \leqq v^n(s+1) \tag{8.8}$$

が成り立つ。すなわち，状態 s で受け入れないならば，状態 $s+1$ でも客を受け入れないということになる。この問題は可算無限状態であるが，4 章の結果から，$n\to\infty$ のとき，$v^n(s)$ は $\hat{V}_\gamma^*(s)$ に収束する。極限の関数においても (a)

の不等号や (b) の concave の性質は保持されるから，最適性方程式においてもこの結果が成り立つ。すなわち，最適政策の下でつぎのような状態に関するしきい値 s^* が存在する。

・$s < s^*$ ならば客を受け入れる。$s \geqq s^*$ のときは受け入れない。

このような政策を**しきい値型政策**（threshold type policy）という。

以下 (a)，(b) を帰納法で示す。$n = 0$ のときは明らかに成立する。

n で成立するとしよう。

$s \geqq 1$ について

$$
\begin{aligned}
& v^{n+1}(s+1) - v^{n+1}(s) \\
& \quad = -h\frac{1}{\alpha+\Lambda} + \gamma\frac{\mu}{\Lambda}(v^n(s) - v^n(s-1)) \\
& \qquad + \gamma\frac{\lambda}{\Lambda}\{\max\{r + v^n(s+2), v^n(s+1)\} \\
& \qquad - \max\{r + v^n(s+1), v^n(s)\}\}
\end{aligned} \tag{8.9}
$$

であるから

$$
\begin{aligned}
& v^{n+1}(s+2) - v^{n+1}(s+1) - (v^{n+1}(s+1) - v^{n+1}(s)) \\
& \quad = \gamma\frac{\mu}{\Lambda}((v^n(s+1) - v^n(s)) - (v^n(s) - v^n(s-1))) \\
& \qquad + \gamma\frac{\lambda}{\Lambda}\{\max\{r + v^n(s+3), v^n(s+2)\} \\
& \qquad - \max\{r + v^n(s+2), v^n(s+1)\} \\
& \qquad - \max\{r + v^n(s+2), v^n(s+1)\} \\
& \qquad + \max\{r + v^n(s+1), v^n(s)\}\}
\end{aligned} \tag{8.10}
$$

となる。右辺第 1 項は (b) より負か 0 になる。n において式 (8.8) が成り立つことから，$v^n(s), v^n(s+1), v^n(s+2), v^n(s+3)$ の間にはつぎの 4 通りの場合が考えられる。それぞれについて式 (8.10) の右辺第 2 項を調べる。

(i) $r+v^n(s+3) \geqq v^n(s+2), r+v^n(s+2) \geqq v^n(s+1), r+v^n(s+1) \geqq v^n(s)$ のとき

式(8.10)の第2項の$\{,\}$の中の式は$v^n(s+3)-v^n(s+2)-(v^n(s+2)-v^n(s+1))$となり，(b)よりこの値は負か0になる。

(ii)　$r+v^n(s+3) \leqq v^n(s+2), r+v^n(s+2) \geqq v^n(s+1), r+v^n(s+1) \geqq v^n(s)$のとき

$\{,\}$の中の式は(ii)の仮定を用いて$v^n(s+2)-(r+v^n(s+2))-(r+v^n(s+2)-(r+v^n(s+1)))=-r-v^n(s+2)+v^n(s+1) \leqq 0$となる。

(iii)　$r+v^n(s+3) \leqq v^n(s+2), r+v^n(s+2) \leqq v^n(s+1), r+v^n(s+1) \geqq v^n(s)$のとき

$\{,\}$の中の式は(iii)の仮定を用いて$v^n(s+2)-v^n(s+1)-(v^n(s+1)-(r+v^n(s+1)))=r+v^n(s+2)-v^n(s+1) \leqq 0$となる。

(iv)　$r+v^n(s+3) \leqq v^n(s+2), r+v^n(s+2) \leqq v^n(s+1), r+v^n(s+1) \leqq v^n(s)$のとき

$\{,\}$の中の式は(b)より$v^n(s+2)-v^n(s+1)-(v^n(s+1)-v^n(s)) \leqq 0$となる。

4通りのいずれの場合も式(8.10)の右辺は負か0となる。

$s=0$のとき，式(8.10)の右辺第1項は$\gamma\dfrac{\mu}{\Lambda}((v^n(1)-v^n(0))-(v^n(0)-v^n(0)))$となるが，(a)を用いてこの式は負となる。右辺第2項は$s \geqq 1$のときと同様に負か0であることを示すことができる。

つぎに，$n+1$について(a)が成り立つことを示す。$s \geqq 1$のとき，式(8.9)の右辺第1項は負であり，第2項もnについて(a)が成り立つことから負か0である。第3項は$\max(r+a,b)-\max(r+b,c)$の形で表現できる。ただし$a=v^n(s+2), b=v^n(s+1), c=v^n(s)$であり，$n$に関する(a)の結果より$a \leqq b \leqq c$であり，(b)より$a-b \leqq b-c$である。後者より$r+a-b \leqq r+b-c$である。したがって，$r+a \geqq b$かつ$r+b<c$となることはない。

$r+a \geqq b, r+b \geqq c$ならば，第3項は$a-b$となり負か0である。

$r+a \leqq b, r+b \geqq c$のとき，第3項は$b-(r+b)=-r$となり負である。

$r+a \leqq b, r+b \leqq c$のとき，第3項は$b-c$となり負か0である。

したがって(a)が成り立つ。

$s=0$ の場合も，第 2 項が 0 となる以外同じ式となり同様に成り立つ。

以上より，$n+1$ のとき (a)，(b) が成り立つことが示された。

8.4.2 最適政策の持つ性質の証明

前節と同様の方法で，以下の関数の性質を用いてさまざまな問題における最適政策の性質を示すことができる。

(1) K–凸性

発注時に固定費用が発生する在庫問題において，ある s, S の二つの値が存在し，在庫量 x が s 未満なら $S-s$ の量を発注し，x が s を超えるなら発注しない政策（(s,S) 政策）が最適であることを示すために用いられる（Scarf[28] は連続量の在庫問題として示している）。

(2) supermodular，submodular

多次元の状態で表現される問題に対してよく用いられる。2 次元の非負整数上で定義される実数値関数 $f(x,y)$ がすべての非負整数の組 x, y について

$$f(x+1,y+1)+f(x,y)-\{f(x+1,y)+f(x,y+1)\} \geqq 0$$

が成り立つとき，関数 f は supermodular である。また，この式がつねに負か 0 となるとき，関数 f は submodular であると呼ぶ。

そのほか，subadditive，superadditive，最近では $L^{\natural}$-convex 等の関数の性質を用いて最適政策の持つ性質が証明されている。証明方法は基本的には前節と同様で，関数が持つある性質が最適政策の構造を規定することと，その関数の性質が最適性方程式によって保持されることを示す方法である。

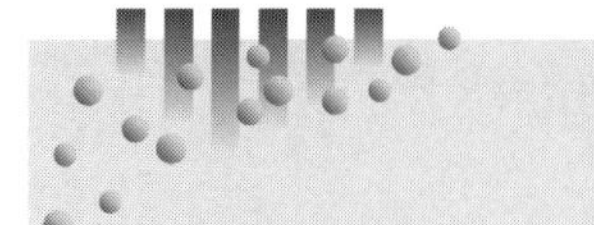

引用・参考文献

1) 伏見正則："確率と確率過程"，朝倉書店 (2004).
2) 牧野貴樹，澁谷長史，白川真一編著："これからの強化学習"，森北出版 (2016).
3) 大野勝久："サプライチェーンの最適運用：かんばん方式を超えて"，サプライチェーンマネジメント講座 6（黒田充，大野勝久監修)，朝倉書店 (2011).
4) 尾崎俊治："確率モデル入門"，朝倉書店 (1996).
5) 柳浦睦憲，茨木俊秀："組合せ最適化 – メタ戦略を中心として –"，朝倉書店 (2001).
6) E.F. Arruda and M.D. Fragaso："Solving Average Cost Markov Decision Processes by Means of a Two-phase Time Aggregation Algorithm," European Journal of Operational Research, vol.240, pp.697–705 (2015).
7) J. Bather："Optimal Decision Procedures for Finite Markov Chain I, II, III," Advances in Applied Probability, vol.5, pp.328–339, 521–540, 541–553 (1973).
8) R. Bellman："Dynamic Programming," Princeton, University Press (1957). (Paper Book Dover, (2003))
9) D.P. Bertsekas："Dynamic Programming and Optimal Control," vol.1, 3rd edition, Athena Scientific (2005).
10) D.P. Bertsekas："Dynamic Programming and Optimal Control," vol.2, 4th edition, Athena Scientific (2012).
11) D.P. Bertsekas："Pathologies of Temporal Difference Methods in Approximate Dynamic Programming," Proc. pf 2010 Conference onn Decision and Control, Atlanta (2010).
12) D. Blackwell："Discounted Dynamic Programming," Annals of Mathematical Statistics, vol.36, pp.226–235 (1965).
13) E.V. Denardo and B.L. Fox："Multichain Markov Renewal Programs," SIAM Journal on Applied Mathematics, vol.16, pp.468–487 (1968).
14) A. Federgruen and P.J. Schweitzer："A Survey of Asymptotic Value Iterations for Undiscounted Markov Decision Processes", R Hartley, L Thomas, D White (Eds.), Recent Developments in Markov Decision Processes, Aca-

demic Press, New York (1980).

15) L. Fisher and S. Ross：“An Example in Denumerable Decision Processes,” Annals of Mathematical Statistics, vol.39, pp.674–675 (1968)

16) M. Haviv and M.L. Puterman：“An Improved Algorithm for Solving Communicating Average Reward Markov Decision Processes,” Annals of Operations Research, vol.28, pp.229–242 (1991).

17) R.A. Howard：“Dynamic Programming and Markov Processes”, MIT Press (1960) (関根智明，羽鳥裕久，森俊夫訳：“ダイナミックプログラミングとマルコフ過程”，培風館 (1971)).

18) I. Lee, M.A. Epelman, H.E. Romeijn, and R.L. Smith：“Simplex Algorithm for Countable-State Discounted Markov Decision Processes,” Operations Research, vol.65, pp.1029–1042 (2017).

19) S.A. Lippman：“Applying a New Device in the Optimization of Exponential Queueing Systems,” Operations Research, vol.23, pp.687–710 (1975).

20) K. Ohno, T. Boh, K. Nakade, and T. Tamura：“New Approximate Dynamic Programming Algorithms for Large-Scale Undiscounted Markov Decision Processes and Their Application to Optimize a production and Distributed System,” European Journal of Operational Research, vol.249, pp.22–31 (2016).

21) L. Platzman：“Improved Conditions for Convergence in Undiscounted Markov Renewal Programming,” Operations Research, vol.25, pp.529–533 (1977).

22) W.B. Powell：“Approximate Dynamic Programming -Solving the Curses of Dimensionality-,” Wiley (2011).

23) W.B. Powell：“Perspectives of Approximate Dynamic Programming,” Annals of Operations Research, vol.241, pp.319–356 (2016).

24) M.L. Puterman：“Markov Decision Processes: Discrete Stochastic Dynamic Programming,” John Wiley and Sons (1994) (Paper Book Dover, (2005)).

25) S.M. Ross：“Applied Probability Models with Optimization Applications,” Holden-Day, San Francisco (1970). (Dover, 1992)

26) S.M. Ross：“Stochastic Processes,” 2nd edition, Wiley (1995).

27) A. Saure and M.L. Puterman：“Advance Patient Appointment Scheduling,” Chapter 8, Markov Decision Processes in Practice, R.J. Boucherie and N.M. van Dijk (Eds.), Springer (2017).

28) H. Scarf：“The Optimality of (S,s) Policies in the Dynamic Inventory Problem,” Chapter 13, Mathematical Method in the Social Science, Arrow, K.J.m Karlin, S. and Scarf, H. (Eds.), Stanford University Press, Stanford (1960).
29) P.J. Schweitzer：“Iterative Solution of the Functional Equations of Undiscounted Markov Renewal Programming,” Journla of Mathematical Analysis and Applications, vol.34, pp.495–501 (1971).
30) L.I. Sennott：“Stochastic Dynamic Programming and the Control of Queueing Systems,” Wiley (1999).
31) R.F. Serfozo：“An Equivalence between Continuous and Discrete Time Markov Decision Processes,” Operations Research, vol.27, pp.616–620 (1979).
32) O. Sigaud and O. Buffet Eds：“Markov Decision Processes in Artificial Intelligence,” Wiley (2010).
33) R.D. Smallwood and E.J. Sondik：“The Optimal Control of Partially Observable Markov Processes over a Finite Horizon,” Operations Research, vol.21, pp.1071–1088 (1973).
34) E. Sondik：“The Optimal Control of Partially Observable Markov Decision Processes,” PhD thesis, Stanford University, Califonia (1971).
35) S. Stidham：“Optimal Control of Admission to a Queueing System,” IEEE Transactions on Automatic Control, vol.30, No.8, pp.705–713 (1985).
36) R.S. Sutton and A.G. Barto：“Reinforcement Learning,” MIT Press (1998) (三上貞芳，皆川雅章訳，“強化学習”，森北出版 (2000)).
37) C. Szepesvari：“Algorithms for Reinforcement Learning,” Morgan and Claypool Publishers (2010) (小山田創哲　訳者代表・編集，前田新一，小山雅典　監訳，“速習　強化学習　– 基礎理論とアルゴリズム –,” 共立出版 (2017)).
38) H.C. Tijms：“A First Course in Stochastic Models,” Wiley (2003).
39) C. Watkins：“Learning from Delayed Rewards,” PhD thesis, King’s College, Cambridge, UK (1989).
40) D.J. White：“Dynamic Programming Markov Chains and the Method of Successive Approximations,” Journal of Mathematical Analysis and Applications, vol.6, pp.373–396 (1963).

索　　引

── 著 者 略 歴 ──

1986年　京都大学工学部数理工学科卒業
1988年　京都大学大学院工学研究科修士課程修了（数理工学専攻）
1988年　名古屋工業大学助手
1997年　博士（工学）（名古屋工業大学）
1997年　名古屋工業大学講師
2001年　名古屋工業大学助教授
2006年　名古屋工業大学教授
現在に至る

マルコフ決定過程 ──理論とアルゴリズム──
Markov Decision Processes ──Theory and Algorithms──

2019 年 4 月 5 日　初版第 1 刷発行
2024 年 4 月 15 日　初版第 2 刷発行

検印省略

著　者　中出康一（なかでこういち）
発 行 者　株式会社　コ ロ ナ 社
代 表 者　牛 来 真 也
印 刷 所　三 美 印 刷 株 式 会 社
製 本 所　有限会社　愛 千 製 本 所

112–0011　東京都文京区千石 4–46–10
発 行 所　株式会社　コ ロ ナ 社
CORONA PUBLISHING CO., LTD.
Tokyo Japan
振替 00140–8–14844・電話(03)3941–3131(代)
ホームページ　https://www.coronasha.co.jp

ISBN 978–4–339–02834–8　C3355　Printed in Japan　（横尾）

次世代信号情報処理シリーズ

（各巻A5判）

■監　修　田中　聡久

配本順	書名	著者	頁	本体
1.（1回）	信号・データ処理のための行列とベクトル —複素数，線形代数，統計学の基礎—	田中聡久著	224	3300円
2.（2回）	音声音響信号処理の基礎と実践 —フィルタ，ノイズ除去，音響エフェクトの原理—	川村　新著	220	3300円
3.（3回）	線形システム同定の基礎 —最小二乗推定と正則化の原理—	藤本悠介・永原正章共著	256	3700円
4.（4回）	脳波処理とブレイン・コンピュータ・インタフェース —計測・処理・実装・評価の基礎—	東・中西・田中共著	218	3300円
5.（5回）	グラフ信号処理の基礎と応用 —ネットワーク上データのフーリエ変換，フィルタリング，学習—	田中雄一著	250	3800円
6.（6回）	通信の信号処理 —線形逆問題，圧縮センシング，確率推論，ウィルティンガー微分—	林　和則著	234	3500円
7.	テンソルデータ解析の基礎と応用 —テンソル表現，縮約計算，テンソル分解と低ランク近似—	横田達也著	近刊	
	多次元信号・画像処理の基礎と展開	村松正吾著		
	Python信号処理	奥田・京地・杉本共著		
	音源分離のための音響信号処理	小野順貴著		
	高能率映像情報符号化の信号処理 —映像情報の特徴抽出と効率的表現—	坂東幸浩著		
	凸最適化とスパース信号処理	小野峻佑著		
	コンピュータビジョン時代の画像復元	宮田・小野・松岡共著		
	HDR信号処理	奥田正浩著		
	生体情報の信号処理と解析 —脳波・眼電図・筋電図・心電図—	小野弓絵著		
	適応信号処理	湯川正裕著		
	画像・音メディア処理のための深層学習 —信号処理から見た解釈—	高道・小泉・齋藤共著		

定価は本体価格+税です。
定価は変更されることがありますのでご了承下さい。

図書目録進呈◆

	配本順			頁	本 体
C-6	(第17回)	インターネット工学	後藤滋樹・外山勝保共著	162	2800円
C-7	(第3回)	画像・メディア工学	吹抜敬彦著	182	2900円
C-8	(第32回)	音声・言語処理	広瀬啓吉著	140	2400円
C-9	(第11回)	コンピュータアーキテクチャ	坂井修一著	158	2700円
C-13	(第31回)	集積回路設計	浅田邦博著	208	3600円
C-14	(第27回)	電子デバイス	和保孝夫著	198	3200円
C-15	(第8回)	光・電磁波工学	鹿子嶋憲一著	200	3300円
C-16	(第28回)	電子物性工学	奥村次徳著	160	2800円

展開

D-3	(第22回)	非線形理論	香田徹著	208	3600円
D-5	(第23回)	モバイルコミュニケーション	中川正雄・大槻知明共著	176	3000円
D-8	(第12回)	現代暗号の基礎数理	黒澤馨・尾形わかは共著	198	3100円
D-11	(第18回)	結像光学の基礎	本田捷夫著	174	3000円
D-14	(第5回)	並列分散処理	谷口秀夫著	148	2300円
D-15	(第37回)	電波システム工学	唐沢好男・藤井威生共著	228	3900円
D-16	(第39回)	電磁環境工学	徳田正満著	206	3600円
D-17	(第16回)	VLSI工学 ―基礎・設計編―	岩田穆著	182	3100円
D-18	(第10回)	超高速エレクトロニクス	中村徹・三島友義共著	158	2600円
D-23	(第24回)	バイオ情報学 ―パーソナルゲノム解析から生体シミュレーションまで―	小長谷明彦著	172	3000円
D-24	(第7回)	脳工学	武田常広著	240	3800円
D-25	(第34回)	福祉工学の基礎	伊福部達著	236	4100円
D-27	(第15回)	VLSI工学 ―製造プロセス編―	角南英夫著	204	3300円

定価は本体価格+税です。
定価は変更されることがありますのでご了承下さい。

図書目録進呈◆